自然生活家41

新手入門——苔蘚玻璃盆景

はじめての苔テラリウム

園田純寬——著
張萍——譯

晨星出版

利用療癒心靈的苔蘚，打造出容器內的微型世界

只要室內帶有一抹綠意，就能讓生活備感滋潤。
不過，如果還需要澆水、照顧或是整理，又好像很麻煩。
養了寵物，再擺放植物也會有點擔心……。
在這些煩惱基礎上，還能夠輕鬆享受綠意的方法就是
將植物培育在透明容器內，製作成玻璃盆景。
在密閉容器，或是有開口的容器內，
備齊植物所需一切必要條件的玻璃盆景，
宛如一個小型的溫室。
其中，由苔蘚組成的玻璃盆景幾乎不用費心照顧，
就能讓人簇擁一整年唯美的綠意。
苔蘚，帶有一股能夠療癒人心、不可思議的力量。
只要一直盯著它們，情緒就會變得平靜，
在玻璃盆景中使用一些公仔擺件或是石頭等，
即可打造出充滿獨創風格的微型世界。
現在，想不想敞開自己的玩心，
製作一個專屬於自己的苔蘚玻璃盆景呢？

在玻璃容器中展開的微型世界。
看著看著，彷彿有齣故事就要揭開序幕。

contents

column

苔蘚——美麗地球的原住民

以原始姿態留存迄今

據說陸上植物是在五億年前，從綠藻類演化而來。這些從水中登上陸地的植物，所面臨到最大的問題即是該如何攝取水分。苔蘚們採取的方法是生長在潮溼的環境下，或是當環境乾燥時就讓自己進入休眠狀態，直到再次獲得水分。

隨著植物不斷演化，植物開始從根部吸收水分，並且建立「維管束」系統來集結這些運送管線，藉此將營養與水分運送至植物體內各處。有了維管束的幫助，即使植株高度超過10m，植物也能存活。

然而，苔蘚們卻依舊保留著植物登上陸地生活時最原始的面貌迄今。未曾懷抱過演化這種上進的志向，只願用那玲瓏小巧的身體汲汲營營地生長在悠遠流長的時空中。

互相倚靠生存下去

苔蘚沒有能夠從土壤吸收水分的根系。所以如果苔蘚單獨存在，會讓自己處於一個非常容易乾燥的狀態。因此，它們選擇互相倚靠在一起，建立起蓬鬆厚實的「聚落」。藉由聚落的建立，苔蘚可以維持水分、確保自己不乾燥。

只要看著苔蘚，往往就會讓人覺得情緒平穩，或許正是受到苔蘚彼此互相扶持、靜謐生長的生態特性所影響。

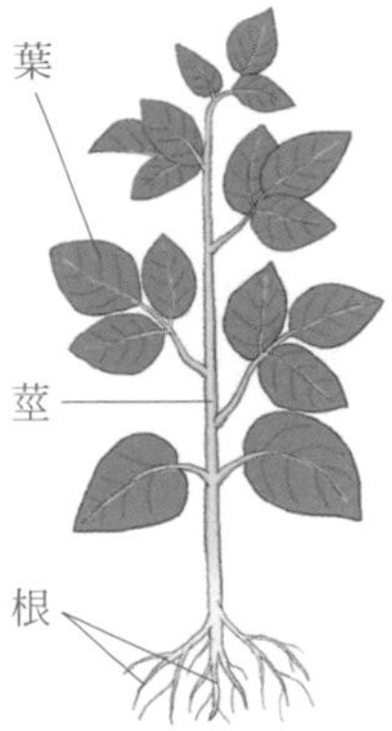

一般植物

蕨類植物以及種子植物根部有吸收水分及養分的功能。莖的內部有維管束，是由能夠運送水分的導管以及運送營養的篩管所組成。

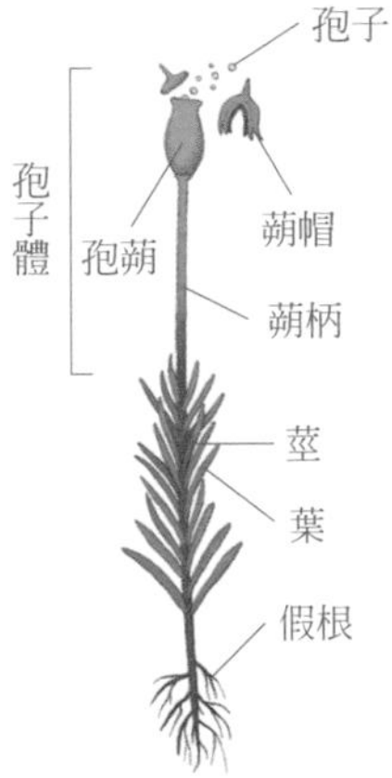

苔蘚植物

構造單純，僅由莖、葉所構成，為了讓植物體能夠固定在地表等處，而有假根。不會開花，藉由孢子等方式繁殖。

苔蘚使我著迷的理由

園田純寬

驀然回首才發現，它們一直都在我身旁。

印象中，最初的邂逅是我在國中時期看到的某部動畫電影。電影背景的深山相當神祕，令人印象深刻，我還因此探訪作為故事原型地點的屋久島。之後便熱衷於在水族箱中繁殖「MOSS」。就連大學時期所屬的登山社活動，我也是一個勁地拚命拍攝這些綠色的、蓬鬆厚實的植物。

雖然「苔蘚」就這樣經常出沒在我面前，駑鈍如我卻一直沒有特別正視它們的存在。沒錯，它們總是扮演著配角，對當時的我而言也是如此。

苔蘚之所以一躍成為我人生中的主角，是在我研究所時期的故事。這重大的契機是我將苔蘚作為我的研究題目之一。

「苔蘚支撐著整個森林的生態系統」這樣的題目令我興奮異常，於是當場就確定要進行這項研究。我才開始正視「苔蘚」這個東西的存在，讓我不知不覺著了魔的本尊突然清晰地出現在我的眼前。

那麼，「苔蘚」為何會使我如此著迷呢？明明只是在路邊長個不停、不起眼的植物。

答案我想應該是因為前述的電影以及在水族箱內的接觸。

我沉醉於苔蘚帶來的空靈感。它們能讓人感受到悠遠的時空，足以用神祕感、通透感等詞彙來形容它們。甚至能夠打造出讓人感受不到它們存在的世界，是不是很神祕呢？

再者，當我開始意識到「苔蘚」時，就絲毫無法抗拒其魅力。「靠近」苔蘚僅差3cm時，才發現遠看明明只是綠綠的一團，其實它們卻打造出一個微小又纖細的世界，並且鮮明地熠熠生輝。那是「只有願意欣賞的人才能看得見」的另一個世界。小巧的異次元世界，總是令我沉醉不已。

可以放在掌心的微型朋友們

小巧可愛，只有掌心大小的玻璃盆景。
隨意擺放在桌上或是身邊，就令人心曠神怡。

邀請苔蘚入住玻璃盆景

喜好環境溼度較高的「苔蘚」是很容易培育生長在玻璃盆景內的植物。因爲身形嬌小，可以在非常小型的容器內生長，相當適合用來製作玻璃盆景。

剛接觸苔蘚時，乍看之下或許會覺得每一種都很相似。不過，等到和苔蘚熟悉之後，應該就能漸漸發現不同物種的苔蘚在葉片形狀與顏色等方面其實各有不同的特徵。

搭配各種形狀、色調、氣氛不同的苔蘚即可打造出各式各樣的景觀。再加上石頭或是公仔擺件等，就能夠在容器內孕育出一個微型世界。

藉由苔蘚就可以在容器中創造出森羅萬象的樣貌，正是苔蘚玻璃盆景的魅力所在。只要擺放在身邊，看著看著彷彿在不知不覺之間就會被吸進那容器內的微型世界。

把世界裝進一個小瓶子裡

只要把石頭與苔蘚組合在一起，
就能呈現出一座深山風景。
小巧的瓶中，
就此誕生一個稍微
有些不可思議的世界。

利用公仔擺件編織出一個「故事」

能夠在容器中，打造出一個個原創的
場景也是玻璃盆景的魅力所在。
善用公仔擺件與小石頭，
試著打造出一個專屬於自己的故事世界吧！

↑在用來當作泉水的鏡子旁配置小鹿公仔，即可呈現出小鹿前來飲用泉水的情境。

由幾種不同的苔蘚與溶岩石搭配組合而成
生動的岩石肌理模樣。
一只苔蘚玻璃盆景，
就能將大自然的風景帶進屋裡。

靠近凝視，
那多采多姿的纖細苔蘚之美，
肯定可以把你的心給偷走。

封閉型與開放型，兩種培育形式分析

初學者建議從「封閉型」開始

使用「封閉型」的有蓋容器，或是「開放型」的無蓋容器製作玻璃盆景，各有其優缺點。初次接觸玻璃盆景者建議可以從作法較爲簡單的「封閉型」開始。

不一定需要蓋子

提到苔蘚玻璃盆景，很多人的印象都會是附有蓋子的玻璃容器。然而，其實並不一定需要蓋子。在密閉的容器內會有水蒸氣循環，因此不需要頻繁地給水，只要擺著不去管它，植物就會自行生長。然而，因爲與自然環境條件有相當大的差異，偶爾還是會導致一些弊病。「開放型」容器反而可以解決這些問題。

column

偶然誕生的玻璃盆景

出現於19世紀的英國

所謂玻璃盆景，或許可以換句話說成「將對植物而言的必要環境，集結在小巧透明容器內的一個組織架構」。其歷史開始於1829年，一名對植物學相當熱衷的英國醫師——華德（Nathaniel Bagshaw Ward）收集了超過25000種植物標本。他偶爾會到遙遠的國家採集植物，儼然是一名植物控。然而，特地從加勒比海小島帶回、種植在庭園內的蕨類植物卻因為不敵倫敦的環境而逐漸枯萎。

不僅是植物，華德同時也會飼育蛾。他在瓶子裡放入少量的土，並且將蛾的繭放入保存，某天發現土壤中竟然有蕨類孢子發芽。因此，他突發奇想，在玻璃容器內放入少量的土壤並且開始種植蕨類植物，沒想到幾乎不用特別照顧，蕨類植物卻開始不斷地生長。

不可思議的「華德箱」

這種能夠讓植物健康成長、不可思議的小巧玻璃容器被稱作「華德箱（Wardian Case）」。這也是玻璃盆景（Terrarium）的起源。拜這項發現所賜，英國的植物採集專家（Plant hunter）能夠直接從世界各地將植物活生生地運回英國。

「華德箱」後來改由「拉丁文」中用來表示陸地與地球的「Terra」以及表示場所地點的「arium」組成「Terrarium（玻璃盆景）」一詞。

華德箱

能夠培育較多種苔蘚的
開放型

優點

可以欣賞到苔蘚的自然樣貌

因爲貼近自然環境，採用接近自然環境下成長的培育方式，即可欣賞到苔蘚原有的樣貌。

可以使用各式各樣的苔蘚

可以培育一些在封閉型容器內不容易生長的苔蘚，因此能夠使用的苔蘚物種範圍較廣。

可以擺放的地點較多

因爲不容易悶熱，所以可以擺放在有一定日照量的位置。能夠擺放的選擇地點較多也是一個特色。

缺點

容易乾燥

與有蓋容器不同，開放型非常容易乾燥。給水量、頻率都必須比封閉型來得多。

需要花點時間才能穩定

在苔蘚聚落穩定之前，葉尖容易受損。葉尖受損時往往會被誤以爲是水分不足，而繼續過度給水，結果造成反效果。待新芽長滿後，狀態自然而然地就會有所改善。

初學者也能輕鬆製作的
封閉型

優點

每2～3週給水1次即可

爲了維持容器內溼度，只要每2～3週以噴霧瓶給水1次即可。在照顧方面並不費力。

可以作爲擺飾

由於附有蓋子，所以沒有昆蟲等進出的風險，因此擺放在餐桌等比較需要注重衛生的地方也沒關係。此外，因爲經常維持在較高溼度的狀態，苔蘚的葉片比較不會萎縮，可以隨時欣賞到苔蘚們潤澤、精神抖擻的狀態。

缺點

難以培育出原有的樣貌

並非所有的苔蘚都能夠在封閉型環境下健康生長。依物種不同，有些會像豆芽菜般生長遲緩，或是長出許多假根、變得蓬鬆凌亂。能夠在有蓋容器內漂亮生長的苔蘚有限，因此植入的物種選擇相當重要。請參照本書P.144開始的圖鑑。

擺放地點有限

有蓋容器容易悶熱，因此如果擺放在陽光直射的地點，容器內部容易呈現三溫暖狀態。請留意擺放的地點。

「封閉型」 或是 「開放型」
苔蘚會因為培育法不同而造成如此的差異！

依照苔蘚物種不同，封閉型容器比較不容易讓苔蘚以原有的自然樣貌生長。特別是將匍匐型的苔蘚培育在封閉型容器內，容易造成植物體發育遲緩，而出現徒長現象。此外，亦有可能長出非必要的假根。

緣邊走燈苔因培育法不同造成的差異

開放型

接近緣邊走燈苔原有自然樣貌的培育方式。

封閉型

葉與葉之間的間隙變寬，有些生長遲緩的情形。

羽苔因培育法不同造成的差異

開放型

長出纖細的分枝，有些稍微直立、有些則是匍匐生長。

封閉型

沒有匍匐生長，而是直立生長。分枝較少，到處都有假根冒出。

PART 1 基本的植入方法

苔蘚玻璃盆景的基本製作方法

首先，在容器內放入一種苔蘚，
學習一下基本的植入方法吧！
有些苔蘚物種的體型較高大，
有些會匍匐生長，
因此當然要有不同形式的培育法。
依據不同物種的苔蘚特性，
植入方法多少也會有些差異。
只要記住幾種經常用於玻璃盆景的
代表性苔蘚植入方法，
就能夠信手拈來製作出
複雜的作品或是較大型的作品。
此外，植入苔蘚的前置作業、介質調配等，
都會連帶影響玻璃盆景的狀態。
我們就先從基本的植入開始挑戰、
和苔蘚做個朋友吧！
請伸手摸摸苔蘚，

梨蒴珠苔　疣葉白髮苔　檜苔

充分感受苔蘚的魅力及其特性。
如下方照片所示，
每一種苔蘚都分別植入在一個容器內。
用這種方式排列，
可以享受到如同欣賞標本般的樂趣。
建議還可以貼上自製標籤貼紙。
如果想要知道拉丁語的學名，
請參照本書P.144開始的圖鑑。

緣邊走燈苔　仙鶴苔　羽苔　庭園白髮苔

1 如何取得苔蘚？

可以透過網路商店購得

有人將苔蘚譽爲「一股靜謐的風潮」，最近日本的園藝店以及大型連鎖商場等處都有販售盒裝的苔蘚。此外，也可以透過網路商店向苔蘚販售業者購買。

隨著季節或是氣候，市售的苔蘚物種也會有所變動，但是透過網路商店購物的優點是可以一次購足許多種苔蘚。

透過網路商店購買、運送而來的苔蘚盒裝範例

採集時謹遵「施予分享」的精神

街道、荒山等所到之處皆可發現苔蘚的蹤跡。只要前往森林中探訪，或許還可以找到平時難得一見的苔蘚。

自然採集的優點是可以親眼確認該種苔蘚是在何種環境下成長，並且作爲自行培育時的經驗參考。

然而，一下子從山上大量採集苔蘚是違反自然法則的，千萬不要這麼做。如果把苔蘚聚落全數採盡，該種苔蘚恐怕無法於該處繼續生長。用於玻璃盆景的苔蘚分量非常少。請抱持著一種這是自然界「施予分享給我們」的心態，在一定限度下索取最低的需求量即可！

此外，依規定在國立、國家公園的特別保護區或是自然環境保育區域內禁止採集任何植物。

苔蘚生產者

右圖是在日本栃木縣日光市的生產店家 —— Moss Plan（モスプラン圃場）內等待銷售的苔蘚們。店家會以塑膠盒或是盆器等形式透過網路方式販售。早晚溫差較大而容易起霧的日光市，是相當適合栽種苔蘚的環境。

2 哪些容器適合製作玻璃盆景？

只要是透明容器皆可

製作玻璃盆景時並沒有所謂「非此不可」的容器。只要是透明、方便進行苔蘚植入作業的形狀，嚴格來說都是可以使用的容器。

回收玻璃等帶有顏色的容器，可能會因爲光線不夠充足而難以讓苔蘚有效率地進行光合作用。應該盡量選擇透明度較高的容器。

壓克力等塑膠製容器並非不可使用。但是比較容易破損，或是會因爲長時間接觸紫外線而變色。

口徑寬度會影響乾燥度

開放型容器會因爲開口的口徑寬度以及容積等關係，影響苔蘚乾燥的比例。如果希望溼氣能夠盡量留在容器內，在某種程度下選擇口徑較窄的容器，比較能夠達到預期效果。

後面三款容器帶有金屬材質，金屬部位會比較容易生鏽或是漏水。使用這類容器時，建議先費心在內側進行填縫（請參照 P.123）等防水工程後再行使用，會比較安心。

3 基本工具

鑷子是必需品

製作、培育一個苔蘚玻璃盆景所需的工具其實並不多。由於只是要將小型植物植入小型容器內，所以比起一般園藝，只需要一些能夠應付細微作業的工具即可。

較粗的鑷子用於將苔蘚捏緊成束後的植入作業。較細的鑷子則是用於植入一株一株的苔蘚，或是用來植入「細庭園白髮苔」等較小型的苔蘚。

依需求準備相關工具

最常使用的工具就是剪刀。與鑷子一樣，可以選擇前端較細、能夠將苔蘚一株一株分別剪開的剪刀。刀刃處較細的細彎剪也很方便。建議選擇不易生鏽的不銹鋼剪刀。

可以用湯匙取代一般園藝專用鏟或是移植專用鏟。再依據不同的容器形狀，選擇幅度較窄或是較寬的湯匙。

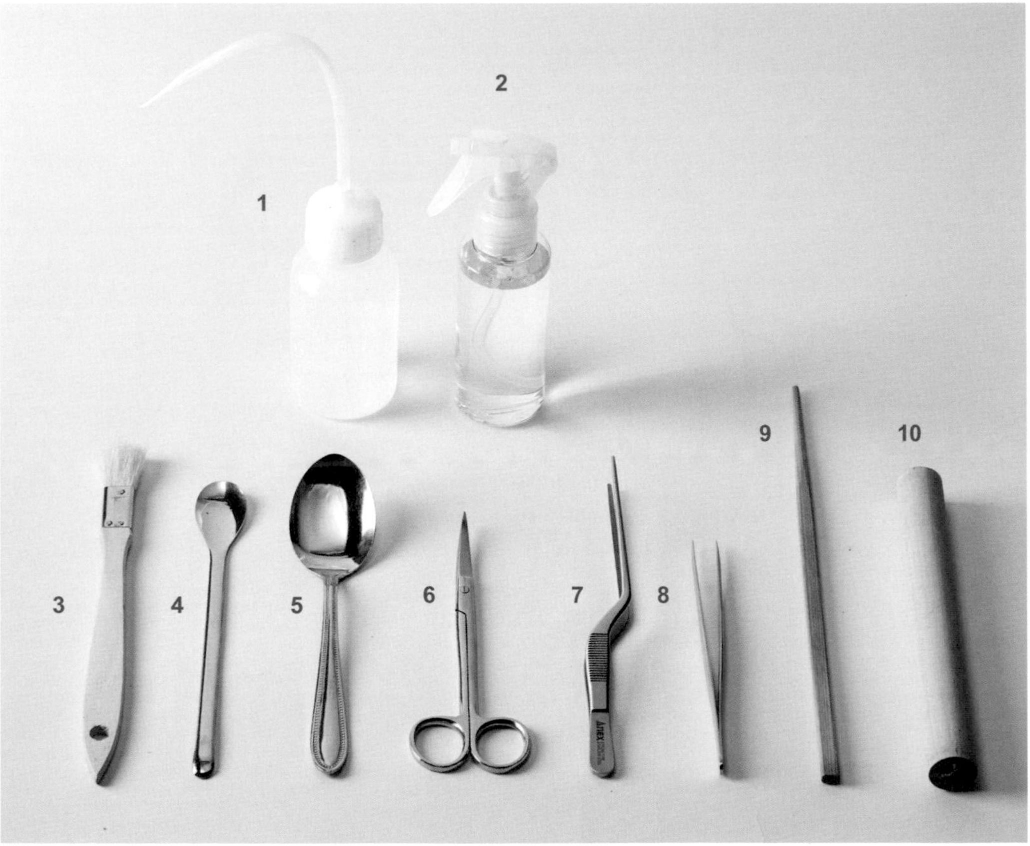

1 澆水壺　2 噴霧瓶　3 刷子　4 湯匙（窄幅）　5 湯匙（寬幅）
6 細剪刀（細彎剪或是微型精密剪刀等刀刃處成彎狀的剪刀使用起來會更方便）
7 鑷子（粗）　8 鑷子（細）　9 免洗筷　10 木棒（整土用）

乾燥水苔
將水苔類植物與其他植物泥炭化後脫水、粉碎後的產物。

（燒成）赤玉土
呈顆粒狀的介質。顆粒大小不一，用於製作苔蘚玻璃盆景時，應盡量選擇顆粒較小者。

碳化稻殼（燻炭）
將稻殼以低溫燻黑、碳化後的產物。

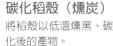

膨脹蛭石
將蛭石經由 700°C以上高溫燒製而成的產物。

4 調配基本介質

功能與外觀無法兼顧

用於苔蘚玻璃盆景的介質應選擇顆粒較細小、容易植入植物體、不易繁殖細菌、乾淨的介質。想要製作一些讓介質傾斜等造型時，則需要一些在某種程度上具有容易固定特性的介質。

基本上，赤玉土經常用於園藝。苔蘚玻璃盆景中應盡量使用顆粒較小、如（燒成）赤玉土等介質。加入與赤玉土分量相當的膨脹蛭石後，介質會看起來閃閃發光、賞心悅目。

膨脹蛭石經由高溫燒製，在衛生方面也很令人安心。

基礎比例為4：4：2：1

乾燥水苔帶有彈性，與其他介質混合在一起，會更容易植入苔蘚。雖然是有機物質，卻擁有能讓細菌難以繁殖的特質。

赤玉土、膨脹蛭石、乾燥水苔的調配比例基本上是4：4：2。可以的話，還可以再加上1分炭化稻殼（燻炭）。燻炭可以預防藻類生長。

基本介質（調配好的介質）
將赤玉土、膨脹蛭石、乾燥水苔、炭化稻殼（燻炭）以 4:4:2:1 比例調配好基本介質。此比例兼具適當保水性與透氣性，由於加水後就會固定，所以也適用於製作斜坡等造型。

5 入苔蘚的前置作業

容器必須先滅菌

在空間封閉、狹窄的玻璃盆景內培育植物，恐有滋生細菌的風險，所以重點是要盡量保持乾淨。必須儘可能先將含有大量細菌的室外土壤或是會成爲細菌食物的枯葉等有機物質處理乾淨，不要直接放入瓶中。

去除泥土或是枯葉

取出欲植入的苔蘚分量，再用鑷子夾除雜質或是枯葉。如果有已經變爲褐色的老舊枯葉或是泥土附著等情形，可以用剪刀剪開、去除。如果無法用剪刀修剪乾淨，可以將苔蘚分成小團塊，再盡量以流水方式沖洗乾淨。苔蘚葉片之間沾有泥土時，也可以用流動的清水仔細洗淨。

羽苔的示範例

修剪枯葉部分

由於苔蘚下方纏繞著褐色的老舊枯葉，先以剪刀修剪。

洗去泥土

為透過網路商店購得、還附著泥土的苔蘚。先取下需使用的分量，再用流動的清水仔細將泥土沖洗乾淨。

檜苔的示範例

6 在容器內放入介質

即使介質不多也沒關係

用湯匙將調配好的介質適量放入容器內。苔蘚與其他植物不同，不會深入生根，因此即使介質不多也沒關係。然而，介質內含有的水分會在容器內蒸發，所以介質也具有維持溼度的作用。如果介質太少，容器內部就會比較容易乾燥。

使用湯匙會比較方便
照片範例的容器口徑較大，可以使用幅度較寬的湯匙填入介質。

這裡必知！

怎樣才算適當的介質使用量？

我們可以用目測方式確認適當的介質使用量。但是，檜苔、東亞萬年苔等莖部較長、體型較為高大的苔蘚，如果沒有深植到介質內恐怕容易歪斜倒塌。這時候就可以把介質稍微鋪得高一些。

7 讓介質溼潤

介質溼潤後不能立刻植入

介質放入容器內後，使用澆水壺澆灌整個容器，直到所有介質都稍微沾溼的程度。靜置1～2分鐘，讓水分均勻擴散到整個介質，並且適度變硬固定。介質固定後，會比較容易進行植入作業，所以別忘了澆水後要稍等一下。

讓整體溼潤
不能只從單一位置給水，將澆水壺左右搖晃，讓水能夠澆灌在整個介質上。標準是要讓介質表面看起來充分溼潤。

這裡必知！

注意不要過度給水！

如照片所示，表面如果有積水表示過度給水。只要讓表面充分溼潤即可，如果介質太潮溼反而不利於植入。給水過量時，可以利用衛生紙一角吸取多餘的水分。

檜苔

在苔蘚當中，檜苔的特徵是體型高大、看起來蓬鬆柔軟。
帶有一定的存在感，是相當受歡迎的苔蘚物種。
容易培育在封閉型容器內，還可以做出類似樹木的風景。

培育容易度
★★★

（檜苔詳細資訊請參照 P.145）

需要準備的材料

容器

高 12cm、直徑 5.5cm 的
有蓋玻璃容器

介質

基本介質

苔蘚

檜苔

工具 湯匙、澆水壺、木棒、剪刀、鑷子（粗、細）、免洗筷、噴霧瓶

在容器內放入介質

Point 檜苔必須插入介質約 1cm 深，訣竅是要稍微多放入一些介質。
必須從整體角度確認適當的介質深度。

使用湯匙把介質放入容器內。

使用澆水壺澆灌，讓介質充分溼潤，再靜置 1 ～ 2 分鐘。

用木棒輕壓，介質稍微穩固後會比較容易植入。

整理檜苔

Point 參照 P.24 先去除髒汙或是泥土，完成前置作業。
如果沾有泥土，可先用清水沖洗，整理成相同高度後捏緊成一束。

修剪完成的狀態。

考量植入高度，過長的部分可用剪刀從下方修剪。直接去除檜苔莖部是沒關係的，不用擔心。

完成前置作業後，整理檜苔高度及方向後捏緊成一束。

夾取檜苔

Point 每次植入的分量即是可以用鑷子夾取的量。
在還不熟悉之前，不要一次夾取太多，先從 4 ～ 5 株開始吧！

如果檜苔下端超過鑷子前端，會比較不容易插入介質。檜苔下端應與鑷子貼齊。

鑷子從上方垂直縱向夾取。如果橫向夾取檜苔，要插入介質時恐怕會不太順手 （請參照 P.32）。

整理檜苔方向及高度、將數根捏緊基部成為一束，並且使其固定，方便以鑷子夾取。

植入檜苔

Point 植入這件事情，用肉眼看與實際施作起來會有極大的差異。任何人在熟練之前，都不太能夠處理得當。如果植入失敗可以拔除、整理介質後重新植入。

利用同樣的方法，慢慢植入、填補。

移開鑷子時，如果還有檜苔附著在鑷子上，可以用手指或是免洗筷等工具壓住苔蘚基部。

將檜苔垂直插入高 1cm 以上的介質中，用鑷子稍微將介質往旁邊撥開。如果介質的孔洞開得太大，介質可能會過於鬆動。

重視新芽！

觀察檜苔的基部，有時會發現小小的新芽。
它們可是接下來要成長發育的重要新芽，
可別隨意捨棄，用較細的鑷子夾取、繼續植入吧！

用鑷子從檜苔基部夾取，植入空隙處。

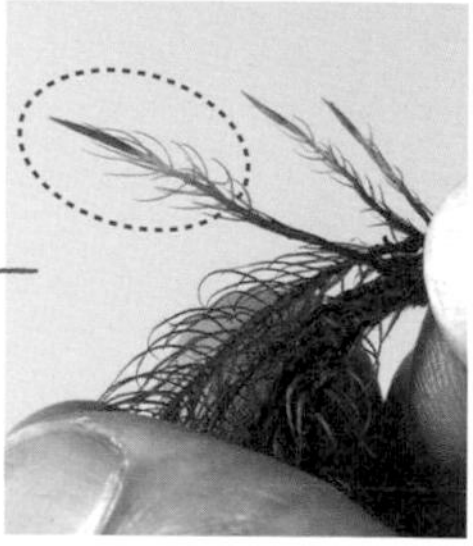

接下來會繼續成長發育的新芽。前端還呈現閉鎖狀態。

基本苔蘚2

梨蒴珠苔

葉色明亮、帶有黃綠色，
如同名稱字面上的意思，特徵是擁有如珠玉般的孢蒴。
是一種模樣可愛，廣受歡迎的苔蘚。
夏季要注意擺放地點，儘量讓它們可以涼爽渡夏。

培育容易度
★★☆

（梨蒴珠苔詳細資訊請參照 P.146）

需要準備的材料

容 器

高 12cm、直徑 5.5cm 的
有蓋玻璃容器

介 質

基本介質

苔 蘚

梨蒴珠苔

工 具　湯匙、澆水壺、木棒、剪刀、鑷子（粗）、免洗筷、噴霧瓶

備妥苔蘚與介質

Point 清除梨蒴珠苔上的髒汙或是雜質後備用。
有泥土附著時，可以用流動的清水仔細洗淨。

用剪刀修剪下方枯葉部分。

分成可用鑷子夾取的分量。每分的標準大約是 10 株。

將介質放入容器，使用澆水壺澆水，讓介質吸收水分，再用木棒等工具輕輕使介質穩固。

植入梨蒴珠苔

Point 一邊搖晃鑷子，一邊植入梨蒴珠苔，
梨蒴珠苔就能夠穩穩地植入介質。

準備移開鑷子時，可以先用手指或是免洗筷壓住。必須注意的是如果鑷子把介質的孔洞開得太大，介質可能會因為過於鬆動而坍塌。

將鑷子輕輕左右晃動，用一種好像在挖土的方式植入梨蒴珠苔。

用鑷子夾住梨蒴珠苔基部後植入（這次我們要讓苔蘚看起來蓬鬆飽滿，所以要稍微做出一些角度，傾斜地植入）。

Attention!

鑷子的夾取方法

植入苔蘚時，鑷子的正確使用方法相當重要。必須盡量以垂直方式夾住苔蘚基部。

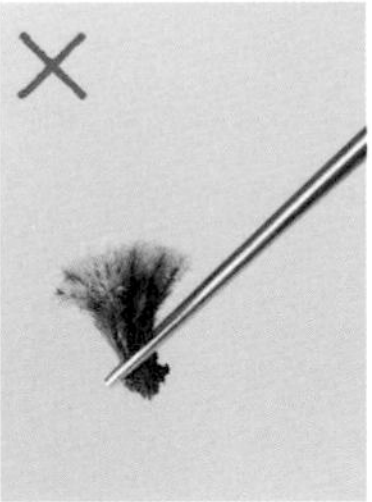

從側邊夾起，苔蘚基部無法與鑷子貼齊。因而無法順利植入苔蘚。

將鑷子前端貼齊苔蘚基部，儘量以垂直方式夾取才是正確的鑷子使用方法。

植入成一個圓形

Point 將一束束的梨蒴珠苔以畫圓形方式植入，
並且在空隙處植入小束的梨蒴珠苔。

如有空隙，可以再植入 2 ～ 3 株的小束梨蒴珠苔，再稍微調整一下。

圓圓的孢蒴相當可愛！

培育梨蒴珠苔後就會發現，它們會在春天長出球狀的孢蒴。圓圓的模樣相當可愛，請務必仔細觀察（請參照 P.146）。當孢蒴變成咖啡色時，可以用鑷子夾除，或是用剪刀從基部修剪。

也可以採用這樣的培育法

自然界中，許多小型苔蘚會聚集在一起，形成苔蘚「聚落」。「聚落」可以預防苔蘚乾燥、維持水分。因此培育苔蘚時，可以妥善利用該特性。學會建立「苔蘚聚落」的訣竅後，即使沒有要製作成玻璃盆景，也可以藉此方法培育苔蘚 （請參照 P.172）。

庭園白髮苔

培育容易度
★★★

會密集生長成茂密的聚落，
因此可以在自然環境中營造出苔蘚地毯般的氛圍。
也能夠在玻璃盆景中創造出草地般的風景，備受眾人喜愛。

小株分別植入法

這種方法是將團塊狀的庭園白髮苔仔細分開，再以數小株為單位分別植入。難度稍高，植入時相當耗時，但是設計的自由度也較高。此外，也能夠讓庭園白髮苔們生長得更為健壯，特別推薦在封閉型容器內使用這種方法。

團塊直接植入法

這種方法是將團塊狀的庭園白髮苔直接貼在介質上。比較簡單，亦可縮短一一植入的時間。如果是開放型玻璃盆景，採用這種方法，植物體比較不容易失去健康。

（庭園白髮苔詳細資訊請參照 P.147）

《以插苔法植入》

需要準備的材料

容 器

高 13cm、直徑 6.5cm 的玻璃容器（無蓋亦可）

介 質

基本介質

苔 蘚

庭園白髮苔

工 具 湯匙、澆水壺、剪刀、鑷子（細）、免洗筷、噴霧瓶

將庭園白髮苔分成小株

Point 先將庭園白髮苔分成可用細鑷子夾取的分量。一開始可以先從幾株開始，熟悉後再慢慢增加分量。

小心地用手指從庭園白髮苔聚落摘取幾株，去除泥土、雜質、已變褐色的老舊部分。

用手捏取約 4 株庭園白髮苔。為了方便使用鑷子，可以捏緊莖的基部、固定成一束。

讓庭園白髮苔基部下端貼齊鑷子前端，以垂直方式夾取。

植入庭園白髮苔

Point 重點是要垂直植入。
因為庭園白髮苔非常嬌小，使用鑷子時要特別小心。

用免洗筷等工具稍微按壓一下庭園白髮苔頂部，移開鑷子時儘量不要讓鑷子鬆開得太大。

將鑷子輕輕左右晃動，用一種好像在挖土的方式植入庭園白髮苔。

將鑷子維持垂直狀態，以介質中央為基準向下降落。

儘量密集地植入

← 從上方俯視的狀態

Point 密集地植入，
完成後會比較美觀。

植入時儘量不要有空隙。如果有空隙，也可以之後再補足。

大約植入兩週後的狀態，外側還可以再種一圈。

需要準備的材料

與插苔法一樣。
容器方面可以
選擇垂吊型的容器。

《以貼苔法植入》

將庭園白髮苔分株，完成前置作業。

Point 爲了讓苔蘚貼緊介質，訣竅是要先去除原本附著的泥土，盡量讓整塊苔蘚變得扁平。

這是去除泥土或是髒汙後的庭園白髮苔背面。讓整塊苔蘚越扁平越好。

用剪刀將庭園白髮苔基部下方不整齊的狀態修剪乾淨，讓整塊庭園白髮苔變得較為扁平。（去除褐色的枯葉或是雜質）

用手將庭園白髮苔分成小團塊。分量方面請參考照片。

植入庭園白髮苔

Point 使用貼苔法植入的重點是必須讓庭園白髮苔緊貼介質。

插入牛仔公仔擺件即完成。※ 公仔擺件相關內容請參照 P.54、P.69。

用鑷子橫向夾起庭園白髮苔，放在介質上。

使用垂吊型容器。從開口處放入薄薄一層介質，小心不要溢出，再淋溼介質。

植入完成後，用噴霧瓶將整個容器噴溼。

按壓庭園白髮苔，使其與介質充分貼合。

東亞萬年苔

日文名稱「コウヤノマンネングサ」中，帶有「クサ（草）」，
它們的確是能夠大到如草般的苔蘚。
特徵是莖部筆直生長，彷彿一棵微型的樹木。
非常適合搭配公仔擺件或是小石頭製作出一些場景。

培育容易度
★★☆

（東亞萬年苔詳細資訊請參照 P.149）

需要準備的材料

容器

高 14cm、直徑 8cm 的
有蓋玻璃容器

介質

基本介質

苔蘚

東亞萬年苔

工具 剪刀、湯匙、澆水壺、鑷子、免洗筷、木棒、噴霧瓶

植入東亞萬年苔的前置作業

Point 東亞萬年苔的特性是會利用地下莖擴張地盤。
植入時應切斷地下莖，一株一株地植入。

剪開時稍微保留的一些地下莖。植入這些剪開的地下莖，之後可能還會再從該處冒出新芽，所以不需要捨棄。

剪開後的狀態。每一株下方都還連接著部分地下莖。

因為地下莖相連，要先用剪刀從地下莖的中間剪開。

1株1株地植入

Point 因爲植物體較高大，訣竅是要稍微植深一點。
植入得太淺，可能會立即倒塌。

將鑷子插入介質，植入東亞萬年苔。準備移開鑷子時，先用免洗筷壓住基部附近的介質。

讓東亞萬年苔下端與鑷子前端對齊後夾起。

Attention!

多放一點介質

東亞萬年苔等較為高大的苔蘚，如果植入得太淺會容易倒塌，必須要稍微植深一些。因此，介質深度最少要3～4cm以上。

壓實穩固介質

Point 深植東亞萬年苔時，介質容易坍塌，
所以每植入1株就要重新讓介質穩固一次。

壓實完成的狀態。這時已完成第2株東亞萬年苔的植入前置作業。之後的動作相同，每次植入時都要輕輕地重新固定介質。

植入1株東亞萬年苔時的狀態。可以藉由木棒等工具稍微按壓周圍的介質，使介質更加穩固。

Attention!

用鑷子稍微挪開介質

如果鑷子突然在介質上鬆開，東亞萬年苔容易倒塌。可以先用免洗筷壓住基部附近的介質，一邊拔出鑷子，一邊慢慢地鬆開。

植入第 2 株後的注意事項

Point 觀察整體平衡狀態，再決定植入的間隔與方向等。注意不要一次植入太多，否則進行植入作業時容易倒塌。

這次的東亞萬年苔體型都不大，所以植入約 5 株。如果遇到體型較大的東亞萬年苔時，可能植入 1 株就足夠。

植入幾株後，會變得越來越難繼續植入，也可能會讓先前植入的東亞萬年苔倒塌，作業時請小心謹慎。

考量與第 1 株東亞萬年苔的整體平衡狀態後，再植入第 2 株。

完成

植入切下的地下莖

Point 將前置作業時切下的地下莖直接埋入，日後可能還會冒出新芽。

在空曠的介質上，將地下莖以傾斜方式埋入。

用鑷子夾取切下的地下莖。不需要特別考慮植入方向。

羽苔

擁有細枝，纖細的姿態相當具有魅力。
由於是會匍匐攀爬的苔蘚，
如果想欣賞其原有的姿態，建議使用開放型的容器培育。

↑
從上方
俯視的狀態

培育容易度
★★★

（羽苔詳細資訊請參照 P.160）

需要準備的材料

容 器

高 14cm、直徑 8cm 的玻璃容器

介 質

基本介質

苔 蘚

羽苔

工 具　剪刀、湯匙、澆水壺、木棒、鑷子（粗、細）、噴霧瓶

植入羽苔的前置作業

Point 由於枝葉較為纖細，可能會有一些雜質纏繞在上面。必須先用鑷子仔細夾除。

背面的狀態。修剪羽苔，使其呈扁平狀，必須小心修剪、避免散落。只要修剪到這樣的狀態即可。

修剪褐色的老舊枯葉，讓團塊狀的羽苔變得較為扁平。如果有泥土附著，先用清水洗淨。

用剪刀將羽苔修剪成符合容器的適當大小。

在容器内放入介質

Point 因爲羽苔是匍匐型苔蘚，所以介質較少也沒關係。
以外觀看起來平衡，作爲介質的用量標準。

在容器内放入適量介質。

考量外觀的整體平衡狀況，這次放入約 2cm 高的介質。

用水澆溼介質，使用木棒等工具輕輕地按壓、使介質緊實穩固。

植入羽苔

Point 只要以團塊方式植入羽苔即可。
訣竅是要讓植物體緊貼介質。

用鑷子夾取羽苔、放在介質上方。

用手指按壓羽苔，一邊用鑷子將羽苔壓入介質之中。

必須埋至看不見羽苔下方的咖啡色部分。植入完成後，用噴霧瓶確實噴溼整個容器。

想要欣賞苔蘚的匍匐姿態可以使用開放型容器

羽苔是一種會以地毯狀生長的苔蘚，有時也會攀爬生長在岩石等處。有一些可以讓苔蘚攀岩生長在開放型容器內的製作技巧，詳細內容請參照 P.110。

夾除褐色的枯葉

Point 植入後如果看到枯葉，可以用剪刀剪下，再用鑷子夾除。

用鑷子（細）夾除。

使用刀刃處較細的剪刀，從基部修剪褐色的枯葉。

完成

在空隙處補足羽苔

Point 夾除老舊葉子後，如果很在意空出來的地方，可以再 1 株株地植入羽苔、補足空隙。

在空隙處以斜插方式植入。

將莖部下方貼合鑷子（細）前端，斜斜地移動到空隙附近。

蛇蘚

蛇蘚經常會因爲「蔓延生長」而遭到嫌棄。
不過靠近一看，就會越發覺它們的可愛。
訣竅是植入後，要先關蓋養護一陣子，再開蓋培育。

培育容易度
★★★

（蛇蘚詳細資訊請參照 P.166）

需要準備的材料

容器

高 5cm、直徑 9cm 的
玻璃容器（無蓋亦可）

介質

基本介質

苔蘚

蛇蘚

工具　剪刀、湯匙、澆水壺、鑷子（細）、噴霧瓶

植入蛇蘚的前置作業

Point 想讓作品看起來更加賞心悅目，
植入前要先將蛇蘚分成小團塊、仔細清洗。

想用剪刀剪開一大團的蛇蘚並不容易，
這時可以用手掰成適當大小。

用剪刀去除背面泥土。

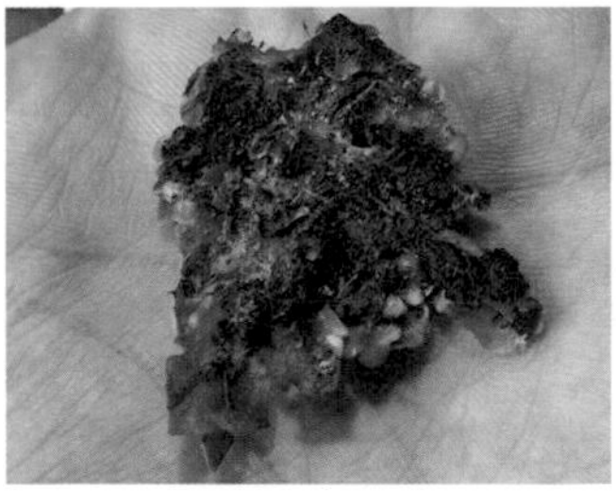

泥土部分很難用剪刀完全清除，只要處理到這種程度即可。

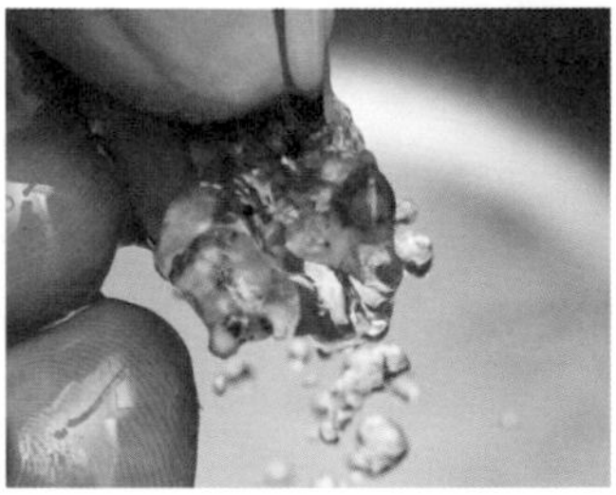

將葉片一一仔細分開，並且用清水將背面泥土沖洗乾淨。

在容器內放入介質

Point 由上而下觀察蛇蘚非常有趣，
因此適合使用平坦、口徑較開闊的容器，也可以使用較淺的容器。

給水，讓介質適度溼潤。

在容器內放入適量介質。

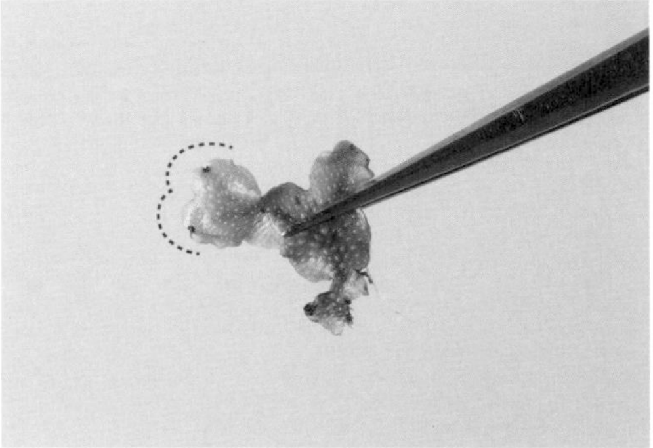

將蛇蘚一片一片地植入

Point 將葉緣朝向外側方向，
依序一片一片地從外側以環繞方式植入。

用鑷子夾住一片葉片。
左側為葉緣。

放置下一片蛇蘚時要與前一片稍微重疊。以同樣方式依序植入。

在容器中心點與玻璃邊緣的中間位置，將葉緣朝外側放置。

植入時，位於最中心的蛇蘚也要與介質有所接觸。

從外側開始植入，依序排成 2 列後的狀態。

植入時呈放射狀

Point 像屋瓦般慢慢重疊，植入蛇蘚的訣竅是讓內側稍微有點重疊。

給水

Point 一旦環境乾燥蛇蘚就會枯萎。必須確實給水，避免乾燥。

植入後，必須以噴霧瓶或是澆水壺充分給水。除了剛植入時以外，基本上都會開蓋培養，但是開蓋容易加速環境乾燥，必須勤於觀察狀態，在乾燥之前適時給水。

Attention!

先在封閉狀態下，養護1週

如果是在有蓋子的狀態，蛇蘚會很快長出假根，因此必須闔蓋封閉養護 1 週。然而，如果一直處於封閉狀態，蛇蘚又會因為徒長而顯得雜亂。因此等出現假根、狀態穩定後，就掀開蓋子好好欣賞它們吧！

※ 如果沒有蓋子，也可以用食品專用保鮮膜等代替。

1 週後

闔蓋封閉後，大約 1 週左右就會長出很多白色的細小假根。長出假根後，蛇蘚的保水環境就會趨於穩定。

水苔

各位或許都知道園藝資材用的乾燥水苔，
但是，應該有很多人沒看過活生生的水苔吧？
那鮮明的綠色、不斷延伸生長的姿態，展現了苔蘚的新魅力。

↑
從上方俯視
的狀態

3 個月後的
狀態
↓

（水苔詳細資訊請參照 P.157）

需要準備的材料

工具

澆水壺、
剪刀、
鑷子、
噴霧瓶

容器

高 13cm、直徑 10cm 的無蓋玻璃容器

介質

乾燥水苔

苔蘚

水苔

1 放入乾燥水苔

Point
將已經加水膨脹的水苔適量放入容器內。

2 修剪水苔

Point
需要使用的部分是從頂端往下約 2cm 處修剪下來的水苔。

3 植入水苔

Point 用一種乘坐在乾燥水苔上的感覺，
直接平鋪上去，
最後再用澆水壺或是噴霧瓶給水。

↑
從上方俯視的狀態

有助於創作出不同情境的配件

能夠在容器內打造出微型世界、創造出個人獨特的世界觀，都是玻璃盆景的魅力所在。其中最有效果的就是由苔蘚所勾勒出的各式各樣主題。微型公仔擺件或是石頭等，會因爲各種擺設方式不同，呈現出風格迥異的主題。然而，要避免使用容易因爲遇水腐朽、發霉的配件。

石頭

經常可以在自然界中看到苔蘚生長於石頭或是岩石上的姿態。石頭與苔蘚能夠彼此襯托、相得益彰。只要單純擺放苔蘚與石頭，即可打造出極具魅力的情境。

溶岩石（火山石）

火山噴發，流出的岩漿冷卻變硬後會成為溶岩石。多孔質表面帶有細小的凹凸處，有利於苔蘚生長。亦有適度的保水性。

石英

以二氧化矽為主要成分的石頭，大多會形成美麗的結晶體，並且帶有透明度。其中，透明度最高的石英稱作「水晶」。

各式各樣的石頭

石英、溶岩石、木化石等小物都可以用於玻璃盆景。確實洗淨撿拾而來的小石頭後即可使用。

1. 綠螢石（螢石）
2. 溶岩石
3. 矽化木（瑪瑙化石）
4. 木化石、菊石
5. 海岸邊撿拾的石頭
6,7. 石英的一種
8. 粉紅石英
9. 海岸邊撿拾的石頭

化妝砂

使用透明容器的玻璃盆景，土壤部分也是重點表現之處。
利用一些小石頭或是砂石就可以做出一些有趣的表現。
在介質表面用化妝砂裝飾，還能夠擴大表現範疇。

1. 富士砂 2,3. 化妝砂 4. 小石頭 5,6 彩砂

貝殼・其他小物

自然界中也有各式各樣可以用於玻璃盆景的配件。
漂流木容易滋生黴菌，如果一定要使用，建議用於開放型玻璃盆景。
帶有濃厚海洋風情的硨磲貝可能會傷害到與之接觸的苔蘚，使用時應斟酌用量。

1. 漂流木　2. 硨磲貝　3. 珊瑚遺跡
4,5. 貝殼　6. 海邊拾來的玻璃

公仔擺件

想要在容器內打造出不同情境時，
最不可或缺的就是立體微縮模型專用的微型公仔擺件。
各種動作表情的人物、動物、建築物等種類豐富繁多。
只要在苔蘚玻璃盆景中放入這些公仔擺件，
就可以呈現出人們的生活、電影場景等，盡享創作的樂趣。

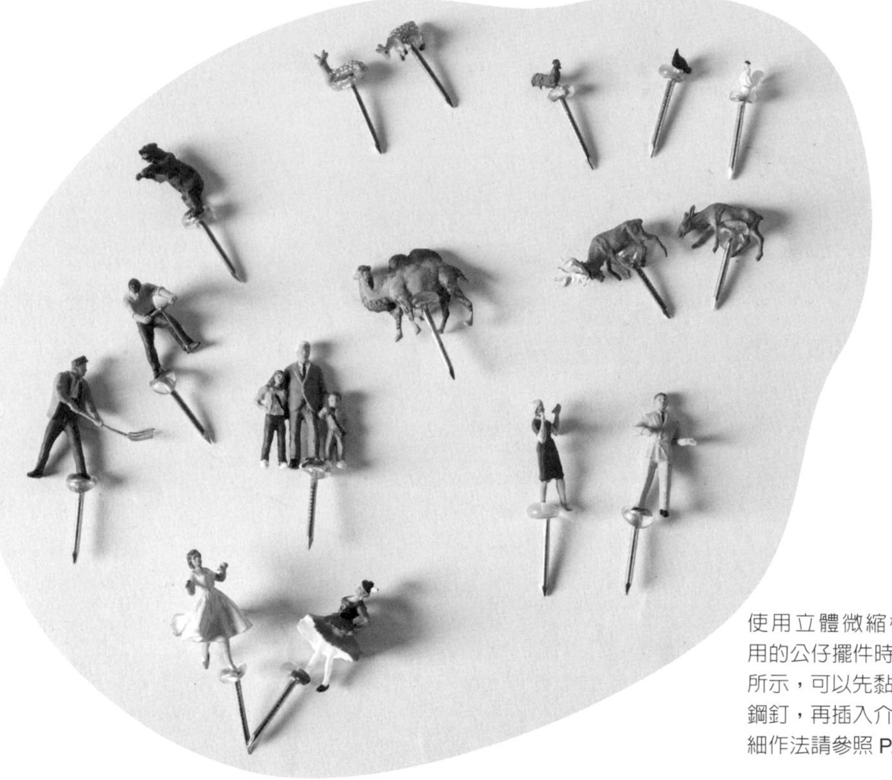

使用立體微縮模型專用的公仔擺件時，如下所示，可以先黏上不鏽鋼釘，再插入介質。詳細作法請參照 P.69。

使用公仔擺件的苔蘚玻璃盆景一隅。右邊是牧場上的動物們，左邊是在公園或草原上閱讀報紙的男人。在容器中誕生的微型世界，會讓人有一種不可思議的感受。

上圖為將各種微型公仔擺件實際插入苔蘚中的模樣。
此處所使用的苔蘚是庭園白髮苔。苔蘚在此可以呈現出草原或放牧場般的情境。

可愛的
水苔孢蒴。

column

水苔的強大力量

說到苔鮮，經常被人們視為不太有用的植物。的確，比起那些能夠食用、花朵惹人憐愛、可以作為家用建材等的其他植物，「苔蘚」感覺上好像真的無用武之地。

其實，小兵也能立大功，其中「水苔」位居「最有助益的苔蘚」第一名。水苔的保水性非常強大，因此經常會使用水苔作為栽種蘭花等的園藝資材。此外，由水苔堆積而成的「乾燥水苔（Peat moss）」也經常作為園藝資材使用。

然而，水苔真正重要的功用更是非常偉大。

水苔雖然只是一種名為「苔蘚」的微小生物，但是，它們同時也是地球上能夠蓄積最大量溫室氣體的生物。

水苔透過光合作用，吸取空氣中的溫室氣體後，並不是直接分解，而是存放在溼地等生長地點，以「乾燥水苔」的形式持續蓄積這些溫室氣體。溫室氣體的蓄積量（二氧化碳量）相當龐大，據說達整體陸地的30%。因此，倘若水苔消失，恐將造成相當大的氣候變動。

如前所述，水苔在經濟方面的價值相當高，因此天然的水苔不斷遭到人們採集。也就是說，水苔溼地正慢慢地從地球上消失。

不知道當水苔被採集殆盡時的世界會變得如何？希望各位停止從自然界中採集，以可以持續培育它們生長的形式繁殖水苔。

特徵是能在植物體內儲存大量水分。

PART 2

初學者也能輕鬆上手的
封閉型玻璃盆景

初學者可以先從封閉型開始

在石頭上植入檜苔、
梨蒴珠苔、庭園白髮苔等，
組合而成的玻璃盆景。

上述這種以相同尺寸容器並排、作為裝飾的方法也相當有意思。

集結在容器內的微型生態系統

在有蓋容器中植入苔蘚的方法，就是所謂的封閉型玻璃盆景。在封閉狀態下，從溼潤的介質或苔蘚蒸發出的水分無法從容器排出，因此可以常保容器內的溼度。也不需要頻繁地給水。

此外，由於容器是透明的，也能夠順利進行光合作用。也就是說，封閉型玻璃盆景是一種可以在封閉容器內建立完整微型生態系統的方法。

因為不麻煩，初學者也能很安心

對於喜愛潮溼狀態的苔蘚而言，能經常維持溼度的封閉型玻璃盆景是相當利於生存的地點。即使隨意植入、沒有確實建立聚落，只要溼度較高就足以幫助苔蘚生長。

此外，培育苔蘚並不像一般植物需要定期施肥。

因此，封閉型玻璃盆景只要有適度的光線、隨意擺放在一隅，苔蘚就能自行生長。

每2～3週給水一次即可。種植方法也相當簡單，沒有麻煩的照顧程序。因此，如果是平時較爲忙碌或是初次培育苔蘚者建議從封閉型開始。詳細的培育以及養護方法請參照P.78～81。

建議使用氣密性較低的玻璃蓋

在使用容器方面，可以選擇有蓋、透明度較高的容器。但是，如果是附有密封圈等的瓶罐，由於氣密性較高，玻璃容易起霧。選擇容器本身與蓋子之間稍微能夠有空氣流通的玻璃有蓋容器最爲理想。

也推薦使用如右頁圖片這種玻璃蓋中間明亮的容器。容器越明亮，看起來越美觀，也會因爲更容易進行光合作用，而讓苔蘚成長得更健康。

封閉型

製作方法

1

享受苔蘚姿態與葉色對比的組盆方法

將4種姿態與葉色不同的苔蘚組合在一起，
恣意享受組盆的樂趣。

需要準備的材料

容器

高 13cm、直徑 6.5cm 的有蓋玻璃容器

介質

基本介質

4種苔蘚

①檜苔　②緣邊走燈苔
③疣葉白髮苔　④庭園白髮苔

工具　湯匙、澆水壺、剪刀、鑷子（粗、細）、免洗筷、噴霧瓶

1 放入介質

將基本介質適量放入容器，並且稍微做出一點斜度，讓內側較高。

從側面看到的介質傾斜狀態。這樣的角度很適當。

整體大幅度給水、澆溼整個介質，靜置 1 ～ 2 分鐘，等待介質固定。

2 備妥檜苔

從事前備妥的檜苔，取下欲使用的分量。

1 株 1 株分開後，再將高度與方向相同的檜苔湊成一束。

從基部確實捏緊成束。

③ 植入檜苔

將捏成束的檜苔倒過來，用剪刀修剪掉褐色部分。

讓莖部下方與鑷子前端貼齊，儘可能垂直地植入內側。

植入另一處時，位置稍微靠近自己一點。

④ 植入疣葉白髮苔

以每 2 ～ 3 株為一單位，莖部下方如果有褐色部分，就用剪刀修剪。

在內側的檜苔旁植入。

為了與檜苔對照，也要在另一側檜苔旁植入。

⑤ 備妥緣邊走燈苔

用剪刀剪去莖部下方褐色部分，再將苔蘚 1 株 1 株地分開。

以 4 ～ 5 株為一單位，從基部捏緊成束。

捏緊成束狀後，夾起時要讓基部下方與鑷子前端貼齊。

6 植入緣邊走燈苔

植入 3 種苔蘚後的狀態。

在中央與左側疣葉白髮苔前方植入緣邊走燈苔。

完成

從上方俯視的狀態 →

1 檜苔
2 疣葉白髮苔
3 緣邊走燈苔
4 庭園白髮苔

7 植入庭園白髮苔

為了讓細鑷子容易夾取，以 3 ～ 4 株為單位將庭園白髮苔分開。

▼

植入前方空缺位置處。

封閉型

製作方法

2

搭配小石頭與化妝砂，從底部開始裝可愛

運用長形容器，從底部開始，層層堆疊數種石頭或是化妝砂。會給人一種彷彿甜點般的可愛印象。

需要準備的材料

容器

高 17cm、直徑 5.5cm 的有蓋玻璃容器

工具

湯匙（寬幅、窄幅）、免洗筷、木棒、澆水壺、剪刀、鑷子（粗、細）、噴霧瓶

介質

基本介質

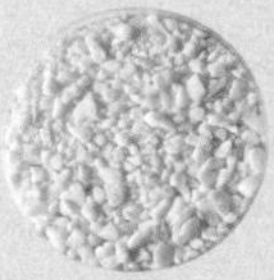

特白碎石

小石頭

乾燥水苔

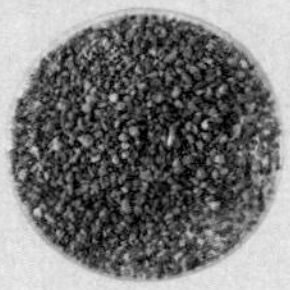

化妝砂

石英

3種苔蘚

①庭園白髮苔
②檜苔 ③梨蒴珠苔

1 一層一層地放入石頭

最底部放入薄薄一層特白碎石。

接著放入比特白碎石稍多的小石頭。

使用免洗筷等工具，儘可能壓實表面，使其平坦。

② 放入乾燥水苔

放入已泡水恢復的乾燥水苔

由於乾燥水苔相當蓬鬆，必須用木棒壓實

③ 放入基本介質

放入2～3cm左右的基本介質。

用免洗筷將介質表面壓平。

用木棒按壓，讓整體稍微緊實。

④ 放入石頭、製作情境的基礎背景

放入作為主角的石英。如果不太穩固，可以稍微再埋深一點。

為了讓石英後方稍微高一點，可以用幅度較窄的湯匙補填一些介質。

介質填入完畢後，給水讓介質溼潤。等待1～2分鐘讓介質穩固。

5 植入苔蘚

先在石頭旁邊植入高度較高的檜苔。

在檜苔前方植入梨蒴珠苔。

6 放入化妝砂

用幅度較窄的湯匙在梨蒴珠苔前方鋪上化妝砂。將容器稍微傾斜一點，會比較方便施作。

7 植入庭園白髮苔

將較小的石英放在前方，在與較大顆石英之間的空隙處用細鑷子植入庭園白髮苔。

8 澆溼整個介質

植入完成後用噴霧瓶，噴溼整個容器。

完成

1 檜苔
2 梨蒴珠苔
3 庭園白髮苔

封閉型

製作方法
3

利用小鹿公仔
呈現出森林的景象

使用形狀特殊的灰色石頭與公仔擺件，
呈現出一種彷彿是小鹿住在岩山上的情境。
4種高度以及葉片形狀不同的苔蘚，
看起來像是生長在山谷間的灌木以及草地。

需要準備的材料

容器

高 14cm、直徑 8cm 的
有蓋玻璃容器

介質

基本介質

化妝砂

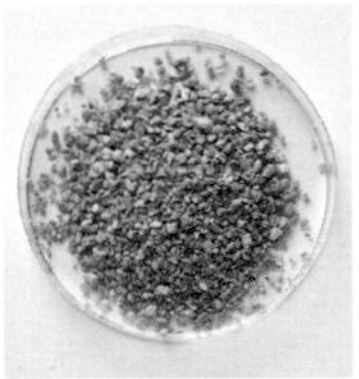

4種苔蘚

①庭園白髮苔
②疣葉白髮苔　③梨蒴珠苔
④檜苔

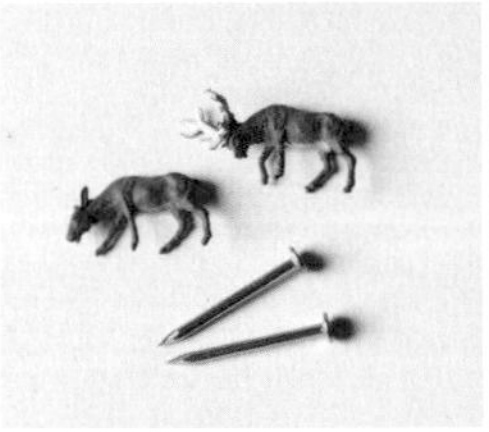

小鹿公仔
13mm 的不鏽鋼釘

灰色石頭

工具

湯匙（寬幅、窄幅）、木棒、
澆水壺、刷子、剪刀、
鑷子（粗、細）、免洗筷、噴霧瓶

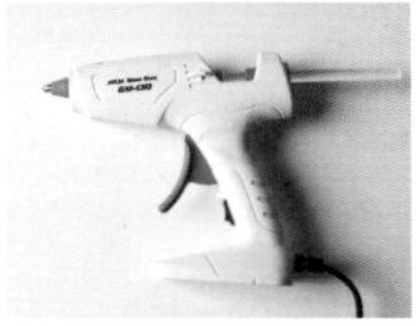

膠槍

1 公仔擺件的前置作業

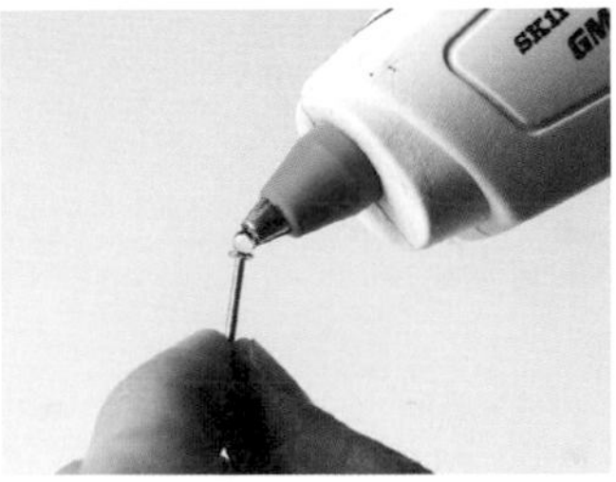

利用膠槍，在不鏽鋼釘的頂端上膠。

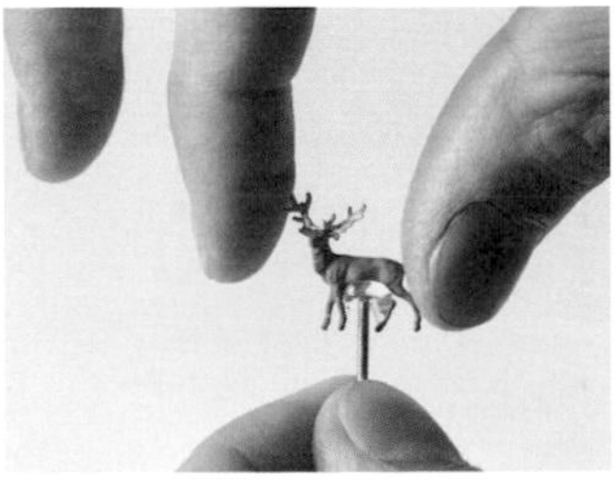

將小鹿公仔腹部與不銹鋼釘頂端接著。

2 放入介質、擺放石頭

填補介質，將石頭後方增高。

配置灰色石頭。從較大顆的石頭開始擺放，觀察整體平衡狀況後，再擺放小顆的石頭。

適量放入基本介質，用木棒壓實固定。

3 整理基底環境

如果介質狀態還是太軟，可以再用木棒輕輕壓實固定。

用澆水壺將整個表面淋溼，放置 1 ～ 2 分鐘使其穩固。

如果有石頭被介質覆蓋住，可以用刷子刷淨。

4 植入檜苔

用免洗筷壓住苔蘚旁的介質，小心地取出鑷子。

把鑷子插入與岩石間的介質中。

因為檜苔的高度最高，所以將它們植入石頭後方。

5 觀察整體平衡狀況，1 株 1 株地植入補足空隙

還可以在石頭前方的另一處植入檜苔。

在先前植入的檜苔旁再植入 1 株。

需要 1 株 1 株植入補足空隙時，可以使用較細的鑷子。

6 植入梨蒴珠苔

兩個位置都植入梨蒴珠苔後的狀態。

在另一個位置、靠近自己面前的檜苔旁植入梨蒴珠苔。

在石頭前方植入梨蒴珠苔。

在植入過程中失敗的話

由於製作苔蘚玻璃盆景時，必須在狹窄的空間內植入苔蘚，所以在熟悉相關作業之前很可能會失敗。很多情況是因爲無法確實插入苔蘚，或是在介質中因爲鑷子鬆開使介質坍塌而導致失敗。失敗的話，可以將該部分的苔蘚拔起，確實使介質緊實穩固後，再重新植入。

整理介質

如果介質坍塌，可以先將苔蘚拔起，介質如有凹陷就再補充介質，並且加水壓實，使其穩固後再重新植入。

在介質中鬆開鑷子

植入時，鑷子必須慢慢地鬆開。如果在介質中直接鬆開鑷子，介質恐會因為飛散而坍塌。

7 植入疣葉白髮苔

因為疣葉白髮苔較大，必須 1 ～ 2 株分批植入。

以石頭與石頭之間為標準位置，植入疣葉白髮苔。

植入疣葉白髮苔後的狀態。

8 植入庭園白髮苔

可以使用較細的鑷子植入庭園白髮苔。

將鑷子左右搖晃，用一種好像在挖土的感覺植入。

植入 4 種苔蘚後的狀態。

9 放入化妝砂

將介質坡度傾斜的上端側稍微朝下，石頭比較不容易翻倒。

10 澆溼整個容器

用噴霧瓶噴溼整個容器。

11 插入公仔擺件

用鑷子夾取公仔擺件，將不鏽鋼釘的釘子部分插入介質中。

隨著公仔擺件的放置方法不同，整體氣氛也會有所變化。

完成

1 檜苔
2 梨蒴珠苔
3 庭園白髮苔
4 狹葉白髮苔

作品
A

作品製作
重點
Closed
Type

黑色溶岩石凸顯出苔蘚獨特
水靈感的巨蛋型玻璃盆景

巨蛋型容器上方較為開闊，能夠觀賞到的面向更廣。
掀開蓋子，即可直接仔細觀察苔蘚，
恣意欣賞苔蘚原有的魅力。

使用的素材

黑色溶岩石

容器尺寸

高 18cm、直徑 10cm

使用的苔蘚

1 檜苔
2 庭園白髮苔
3 暖地大葉苔
4 疣葉白髮苔
5 梨蒴珠苔
6 緣邊走燈苔

製作重點

運用具有開放感的空間，使用較大塊的溶岩石會顯得生動活潑。將中央的介質稍微墊高，植入高度較高的檜苔後，更能勾勒出立體感。

作品
B

利用階梯或是公仔擺件做出電影般的場景。

大塊的咖啡色石英彷彿像是一塊斷崖峭壁。
東亞萬年苔看起來則像一株椰子樹。
使用較大型的容器，可以創造出自由度更高的作品。

容器尺寸

高 23cm、
直徑 13cm

使用的素材

a 扁平的小石頭（作為階梯石）
b 化妝砂
c 基本介質
d 石英

使用的苔蘚

1 檜苔
2 東亞萬年苔
3 梨蒴珠苔

製作重點

將介質做出一點斜度，配置好石頭後，再填補內側的介質，做出更具陡峭感的傾斜度。一一製作出階梯。植入苔蘚後，再放入化妝砂即可。

封閉型的培育法

培植苔蘚的訣竅是「幫它們尋找舒適的居住環境」。特別是有蓋的封閉型玻璃盆景又容易蓄熱，因此必須幫它們尋找明亮且不會過於悶熱的擺放位置。

給水

苔蘚是由葉片吸收水分，因此可以用噴霧瓶給水。如果是有蓋容器，因爲水分不容易流失，所以幾乎沒必要給水。如果是蓋子上附有橡膠條等封閉性較好的容器，就算一整年不給水也不會變乾。

另外，使用的是主體與蓋子之間有一點空隙的容器，約2～3週給水1次即可。

用噴霧瓶給水

給水標準是每2～3週1次。噴在葉片上即可。

如果有定期補充水分，只要達到避免介質乾燥的程度即可，避免出現泡水的情形。

擺放位置

封閉型玻璃盆景最大的重點是擺放位置。基本上就是「屋內、陽光不會直射的明亮位置」。

在某種程度上，植物都喜愛明亮的位置，然而附有蓋子的透明容器內部容易悶熱，因此如果擺放在陽光直射處，容器內會處於三溫暖狀態，而造成苔蘚死亡。

爲了避免這樣的憾事發生，應擺放於非陽光直射處。北側窗邊、明亮的起居室、辦公室桌上等處都很合適，只要用心尋找，一定能夠找到適合的位置。

× 受到陽光直射

容器內呈現三溫暖狀態是最糟糕的環境，苔蘚可能會因此乾枯。應避免擺放於太陽直射處

○ 北側窗邊・明亮的起居室

應擺放於不會受到陽光直射，卻明亮的位置。

光線不足時，利用燈光照明

燈光照明會產生熱度，為了避免玻璃盆景內部溫度升高，還是必須保持一定的距離。

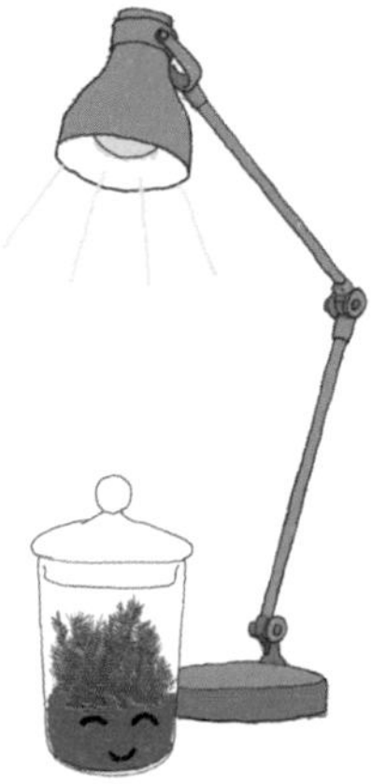

明亮度

苔蘚給人的陰暗感較爲強烈，經常讓人們誤以爲必須要培育在昏暗的地方。然而，它們如果沒有接收到一定的亮度，也會失去精神。對苔蘚而言，房間內是過於昏暗的地點，應儘量幫助它們尋找較明亮的位置。

明亮度的標準必須達到白天可以讀書的程度，因此如果是較昏暗的地點，使用燈光照明也是一種方法。只要使用桌燈這種一般常見的照明即可。然而，因爲燈光會產生熱度，照明時必須保持一定的距離，避免悶熱。特別是白熾燈泡非常容易發熱，最好避免使用。只要不會過度發熱，基本上環境越明亮，苔蘚會長得越漂亮。

夏季養護管理

近年來夏季都非常炎熱，連室內植物也難以渡夏。苔蘚也不例外，如果放在高達40℃的室內，會讓苔蘚失去精神。請盡量將它們移動到涼爽的位置避難。它們能夠忍耐的溫度大約是30～35℃。

如果沒有涼爽的位置，也可以在白天時先放入冰箱冷藏室，待晚上較涼爽時再取出，並且給予照明。此外，將苔蘚放置於冰箱內1個月～1個半月也沒問題，因此炎熱時期也可以讓它們在冰箱內渡過避難生活。

冬季養護管理

另一方面來看，苔蘚比較耐寒。通常不用太擔心它們會在室內受凍，不過還是建議擺放在比較不易受凍的位置。

使用冰箱時

放入冰箱期間，苔蘚會處於「生命活性降低的狀態」，因此一直放著它們不管也OK。然而，如果只有晚上要取出欣賞，就要讓環境明亮，讓苔蘚呈現「只有半天鮮活的狀態」。

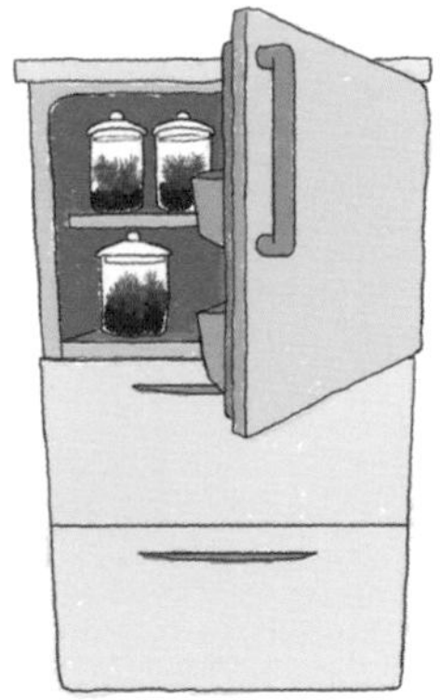

✕ 白天放冰箱冷藏，晚上放室溫、陰暗位置

○ 白天放冰箱冷藏，晚上放室溫、明亮位置

擺放於比較不會受凍的位置

冬天早晨窗邊的溫度相當低，必須特別注意。

封閉型的養護法

不需要太費神照顧，是苔蘚玻璃盆景的魅力之一。話雖如此，若想要盡可能長時間維持美觀狀態，還是需要進行些養護。注意以下重點時，別忘了也要將盆景維持在日後可輕鬆順手照顧的狀態。

庭園白髮苔的養護訣竅

長得很像草皮的庭園白髮苔莖部會隨著時間慢慢生長、乾枯，而逐漸喪失原有的氛圍。將長得較高大的庭園白髮苔，從莖部剪掉後重新插回介質內，即可回到原本想要塑造的氣氛。

長高的庭園白髮苔模樣。

用剪刀 1 株 1 株地從莖基部附近剪下。可以使用刀刃前端彎曲、較細的剪刀，會比較方便作業。

可以使用細鑷子，取出剪下的苔蘚。

運用相同方法，修剪所有過度生長的部分。

剪下的苔蘚

在原有植入的苔蘚縫隙之間，重新插回剛剛剪下的苔蘚。

完成

公仔擺件被掩蓋住時，可以直接將其向上拉出

隨苔蘚成長，有時苔蘚可能會將公仔擺件掩蓋。雖用上述方法整理苔蘚最爲理想，但若覺得麻煩，也可直接將公仔擺件拔起，再重新插回苔蘚上方，是一種比較簡易的方法。

完成半年後的狀態。所使用的庭園白髮苔已經完全把小羊公仔遮蓋住。

用鑷子拔起小羊公仔，再重新插回苔蘚上。如果原本固定用的不鏽鋼釘太短，也可以換成較長的釘子。

稍微打開蓋子換氣，
沒多久霧氣就會散去。

容器起霧時

封閉型玻璃盆景有時會有起霧的情形。這是因爲容器內側與外側的溫差較大，所產生的結露。如果將容器擺放在溫度變化較大的地方，會更容易結露。特別是封閉性較好的容器，結露後的水分無處可逃，所以一整天都會處於起霧的狀態。

去除霧氣最簡單的方法就是開蓋。如照片所示，稍微打開一點縫隙，約 15 分鐘左右霧氣應該就會散掉。霧氣本身不會影響苔蘚生長，在意的話就請打開蓋子。

然而，如果容器結露狀況嚴重，導致容器內苔蘚精神狀態不佳時，就要特別注意是否因爲陽光照射等熱源造成容器內部過於溫暖。如果已出現嚴重的起霧情形，請將容器移動至不會有陽光直射等熱源出現的位置。

孢蒴 變成褐色後要立刻修剪

孢蒴看起來非常可愛，能讓人感受到苔蘚的生命力，而且似乎很多人都期待能夠看到孢蒴長出來。然而，如果放到孢蒴枯萎，黴菌可能就會長在孢蒴上。充分享受這股樂趣後，等到孢蒴變成褐色，再用剪刀從基部修剪掉就沒問題了。

孢蒴成圓形珠狀的梨蒴珠苔孢子體。最初為綠色，經過 1 個月左右會慢慢轉變成褐色。

移除 變成褐色的葉片

葉片變成褐色的原因很多。可能是因爲老化，也可能是因爲植物體不健康。葉片一旦變成褐色，就不會再返綠。如果在意的話，可以用剪刀將褐色部分修剪掉（沒有一定要修剪的必要性，但是如果長出黴菌時，就一定要盡快處理）。

有一部分變成褐色時，可以從該褐色部位再往下一點的位置進行修剪。

挑戰部分重整

此照片是製作完成後經過 1 年以上的苔蘚玻璃盆景。
當時總共使用 3 種苔蘚，每一種都有過度徒長的情形，
以及部分因爲老化而變成褐色等問題，有礙整體美觀。
這時只要進行部分整理，即可重新恢復美貌。

檜苔
過度徒長、葉片變褐色，整體狀況不佳
↓修剪、重新培育
梨蒴珠苔
過度徒長，假根也相當明顯
↓拔掉、重新植入
庭園白髮苔
稍微徒長
↓稍微再往介質內插深一點

【梨蒴珠苔的重整方法】

❶ 夾起梨蒴珠苔

用鑷子夾起整個梨蒴珠苔聚落（苔蘚團塊）。

因為有假根長出，必須小心進行，將所有假根去除。

❷ 整理拔除後的介質

使用幅度較窄的湯匙，在空洞部分重新補滿介質。

在填好介質的部分給水、使其溼潤，用免洗筷等工具輕輕壓實固定。

❸ 植入

用剪刀修剪拔出的梨蒴珠苔莖部下方，將其剪短。

將整塊苔蘚重新植入。如果整塊直接植入有困難，也可以分成小團塊後再植入。

使用鑷子將苔蘚插入介質內，讓苔蘚與介質接合在一起。

【檜苔的重整方法】

❶ 修剪檜苔

前方檜苔的莖部過長，必須從基部開始修剪。

以同樣的方法修剪後方的檜苔，再用鑷子夾除。

從剪下的檜苔中，找出還在生長、比較漂亮的綠芽，重新植入。

不要使用已老化、變成褐色的部分。

❷ 植入

從基部固定，將已經修剪乾淨的綠芽確實捏緊成一束。

將莖部下端貼齊鑷子前端後夾起。

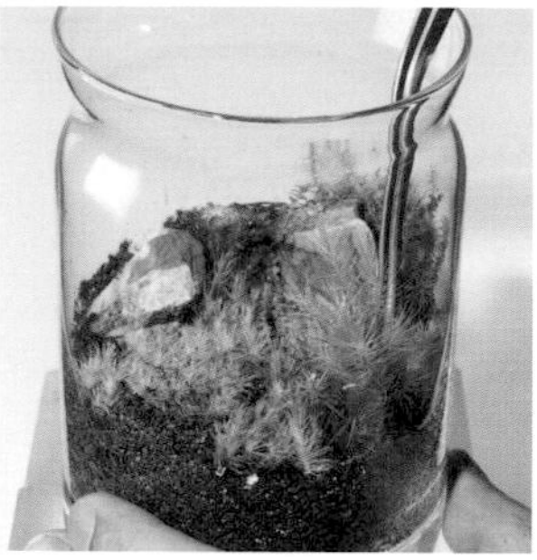

在修剪過的位置旁，植入填補。後方修剪處還可以再植入 1 束。

重整完成

【庭園白髮苔的重整方法】

用鑷子 1 株 1 株地壓入介質內（用 P.80 的方法整理會更好）。

PART

3

拓展苔蘚新世界的
開放型玻璃盆景

更能享受苔蘚自然樣貌的開放型容器

將大大小小的褐色石英與10種苔蘚組合在一起。

呈現出正在大自然中享受登山樂趣的情境。利用溶岩石與12種苔蘚創造出的動態感。

在玻璃小酒杯裡植入庭園白髮苔。創造出手掌大小的可愛玻璃盆景。

容易欣賞到苔蘚原有的面貌

在無蓋開口容器內培育植物的玻璃盆景，即是所謂的開放型。開放型不會像有蓋容器那樣容易因為溼度過高而起霧，又可以維持適當的溼度，苔蘚比較能夠在接近自然的環境中生長。

羽苔、絹苔等匍匐型苔蘚如果用封閉型容器培育，會因為無法匍匐生長而改為向上生長，或是難以長出分枝，會越長越和原有的形態不一樣。針對這一點，如果是放在開放型容器內培育，就可以延伸生長在介質或是石頭上，用更貼近自然界的方式生長。

此外，許多苔蘚放在封閉型容器後，葉與葉之間的莖部會以間隔方式纖弱地生長，也就是造成所謂的「徒長」現象。將在封閉型容器內容易徒長的苔蘚改放置在開放型容器，即可防止徒長，並且以健康的狀態成長（各個苔蘚詳細內容請參照本書P.144開始的圖鑑）。

能夠培育的苔蘚物種繁多

能夠培育較多苔蘚物種的開放型容器還有一個優點，那就是沒有蓋子的開放型容器內比較不容易蓄熱，因此可以擺放在陽光直射之處。需要某種程度日照量的苔蘚如果使用封閉型容器，就必須有強度更強的照明。如果是可以接收日照的開放型容器，就沒有這種限制。包含砂苔等一定要接受日照的苔蘚在內，開放型容器幾乎可以培育所有的苔蘚物種。

然而，如果選用的是開放型容器，苔蘚會比在封閉型容器時更容易乾燥。給水量、頻率都勢必要增加。最重要的是必須確實將苔蘚植入介質內。植入時苔蘚狀態必須盡量低矮。此外，必須以緊密的方式植入苔蘚、確實建立苔蘚聚落，相對於封閉型容器，開放型更需要植入技巧。初學者可以先從封閉型開始挑戰，待習慣使用鑷子後，再來挑戰開放型容器。

開放型

製作方法

1

能放在掌心的小型「苔蘚杯」

在只有掌心大小的容器內植入苔蘚，成爲一個可愛玻璃盆景。

適合使用體型較爲低矮的庭園白髮苔。

需要準備的材料

工具

湯匙、澆水壺、木棒、剪刀、鑷子（細）、噴霧瓶

容器

高 6cm、直徑 6cm 的玻璃製小酒杯

介質

基本介質

苔蘚

庭園白髮苔

1 放入介質

用湯匙加入適量介質。

用水澆溼介質，待整個介質溼潤後，靜置 1 ～ 2 分鐘。

有空氣進入介質時，可以用木棒等工具輕輕按壓介質，使其平整。

2 將苔蘚分成小團塊

為了方便鑷子夾取，先將苔蘚分成數小株。

直接摘除下方褐色部分，或是用剪刀修剪。

3 植入苔蘚

先從邊緣位置開始植入 1 列左右的苔蘚，再以畫圓方式往內側植入。

持續植入，直到最後把中心點團團圍住。

放入這隻公仔
也相當合適！

完成

製作方法
2

開啓珠寶盒後，那裡竟然
有一座泉水湧現的神祕森林

需要準備的材料

7種苔蘚

①庭園白髮苔
②緣邊走燈苔
③蕨葉鳳尾苔
④羽苔
⑤大灰苔
⑥檜苔
⑦梨蒴珠苔

容　器

金屬玻璃收納盒
寬 16cm、長 9cm、高 9cm

介　質

基本介質

介　質

化妝砂

石頭

可以呈現出泉水情境的素材
用剪刀或是美工刀切割而成的鏡板

前置作業

為了預防生鏽或漏水，必須先在內側框架邊緣進行填縫防水工程（請參照 P.123）

工　具

湯匙（寬幅、窄幅）
刷子、澆水壺、剪刀、鑷子（粗、細）、噴霧瓶

由於呈現的是稍微開啓的狀態，
相對於完全開放型，比較沒有那麼容易乾燥，
空氣也會比較流通。
在看似泉水般的鏡板旁擺放一些公仔，
還能夠映照出正在窺探水面的動物姿態。

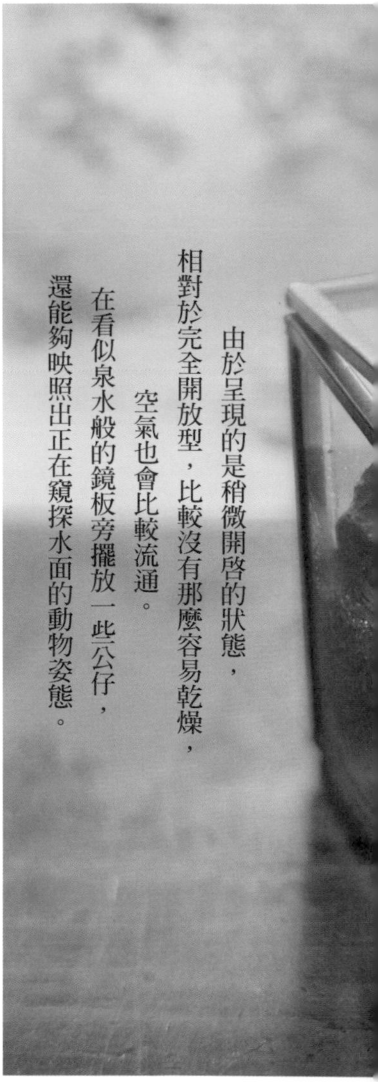

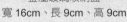

❶ 放入介質、配置石頭

在內側框架邊緣已經填縫過的容器內放入適量基本介質。

先將介質鋪平，高低起伏等設計於配置石頭後再處理。

放入適量介質後，決定石頭的配置位置。

為了製造高低起伏的感覺，使用幅度較窄的湯匙添加介質，再稍微調整石頭的位置。

如果有介質灑落到石頭上，可以用刷子刷淨。

給水，待整體介質都淋溼後，靜置 1 ～ 2 分鐘，使其緊實穩固。

❷ 植入檜苔

稍微橫向植入。會比直立植入更不容易乾枯，更貼近自然界原有的姿態。

彷彿是從石頭旁斜長出來的感覺。

觀察整體平衡狀態，1 株 1 株地進行填補。也可以在左後方植入檜苔。

③ 植入蕨葉鳳尾苔、梨蒴珠苔、羽苔

在左側的梨蒴珠苔後方，植入羽苔。

在兩塊小石頭旁植入梨蒴珠苔。

在大石頭與小石頭之間，分別植入3株左右的蕨葉鳳尾苔。

Attention!

羽苔的處理方法

羽苔是匍匐型的苔蘚，往往會處於一種糾纏的狀態。植入在狹窄的空間時，很容易讓整體失去平衡，必須修剪、整理成束後再植入。

1

拆解、整理糾纏在一起的部分。

2

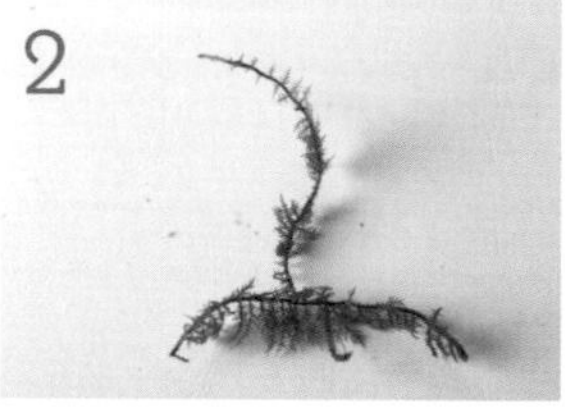

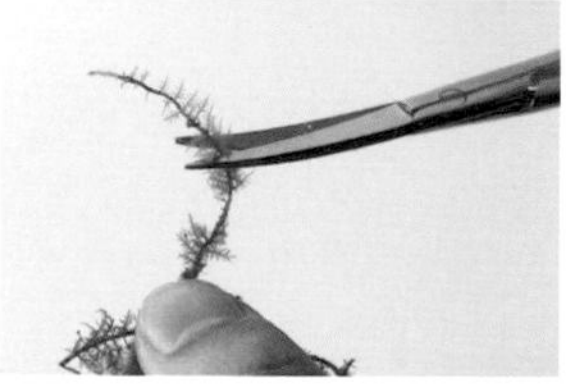

將已經拆解、整理好的部分，用剪刀修剪成想要的植入長度。

3

將修剪好的部分捏成幾束，再用鑷子夾起植入。

④ 植入大灰苔 、緣邊走燈苔

在右前方植入大灰苔 。

將切割成泉水形狀的鏡板放在面前。

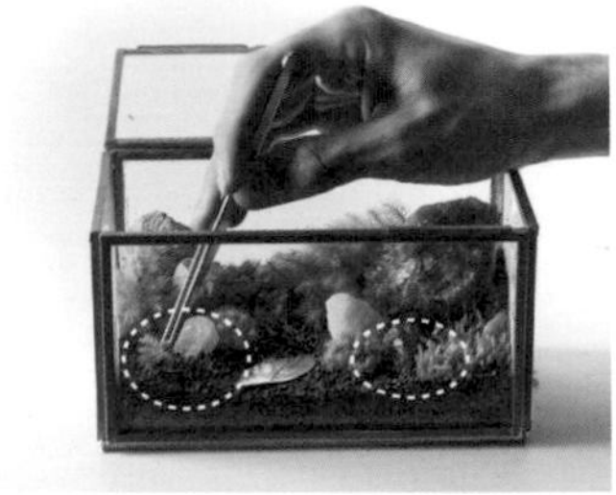

在白色圈圈處植入緣邊走燈苔。

⑤ 在泉水旁邊植入庭園白髮苔

這是已經植入 6 種苔蘚的狀態。

分別在泉水周圍植入 2 ～ 3 株的庭園白髮苔。

所有苔蘚皆植入完成的狀態。

⑥ 鋪灑化妝砂，進行最後潤飾

使用幅度較窄的湯匙，到處鋪灑化妝砂。

因為正前方會看到介質的剖面，所以該處也要鋪灑化妝砂。

用噴霧瓶噴溼整個容器。

彷彿是有動物前來飲用泉水的情境，在鏡板旁擺設一些動物公仔也相當適合。

完成

使用的苔蘚

1. 檜苔
2. 羽苔
3. 大灰苔
4. 蕨葉鳳尾苔
5. 緣邊走燈苔
6. 梨蒴珠苔
7. 庭園白髮苔

製作方法
3

利用遠近法，
擴大作品的世界

這是傍晚領著一群鵝，從田裡返家的情境吧？
微型公仔的生活彷彿全都凝聚在容器內。
只要讓道路有些彎曲、強調遠近感，就可以讓景色變得更寬廣，
並且勾起人們的想像力。不知道那後方是否還隱藏些什麼呢？

需要準備的材料

容 器

玻璃容器
高 14cm、直徑 11cm

介 質

基本介質（右）、化妝砂（左）

4種苔蘚

①梨蒴珠苔　②小塊的曲尾苔
③大塊的曲尾苔
④庭園白髮苔

工 具

湯匙（寬幅、窄幅）、
澆水壺、剪刀、
鑷子（粗、細）、
免洗筷、噴霧瓶

農夫、白鵝的公仔擺件。分別加上不銹鋼釘（請參照 P.69）。

1 製作道路

將基本介質倒入容器、做出傾斜狀，用水淋溼。

使用幅度較寬的湯匙，利用化妝砂作出道路的場景。

為了強調遠近法，必須讓道路有些弧度。正前方較寬、後方較細窄。

❷ 在道路旁邊植入苔蘚

將較大塊的曲尾苔植入在前方。盡可能順著葉片生長方向植入，會比較美觀。

正前方位置也要植入一些庭園白髮苔，藉此塑造出草原的情境。

沿著道路植入庭園白髮苔。

將小塊曲尾苔植入左側後方，中央部位植入梨蒴珠苔。

也在左前方植入較大塊的曲尾苔。

❸ 插入公仔擺件

將農夫公仔放在道路上，
再將白鵝公仔插在草原上成一列。

完成

從上方俯視
的狀態 →

❶ 庭園白髮苔
❷ 大塊的曲尾苔
❸ 小塊的曲尾苔
❹ 梨蒴珠苔

筆直的道路也很有魅力

這是一個道路完全筆直的製作範例。會和蜿蜒的道路產生截然不同的情境。面前鋪設的化妝砂較寬，後方較窄，即可強調遠近感。

作品製作重點

Open Type

作品 C

藉由陡峭斜面與水晶 展現出礦山風情

呈現人們挖掘到水晶礦山時的情境。

運用長形容器的特性，藉由陡峭的傾斜面與較大的溶岩石，打造出生動的場景。

製作重點

由於容器較深，在還不太熟悉操作方法時植入苔蘚或許稍微有點困難。可以從下方開始慢慢一點一點植入。

從側面看到的狀態。製造斜度、埋入溶岩石。使用P.23中介紹、調配好的介質，用水噴溼、使介質固定，即可打造出這樣的斜度。

從前方看到的狀態。水晶下方鋪設黑色的化妝砂。

使用的苔蘚

1 庭園白髮苔
2 緣邊走燈苔　3 梨蒴珠苔
4 側枝走燈苔
5 蕨葉鳳尾苔
6 東亞萬年苔
7 溪邊青苔
8 檜葉金髮苔　9 曲尾苔

使用的素材

基本介質、溶岩石、水晶、黑色化妝石、公仔擺件

容器的尺寸

高 25cm、直徑 11cm

藉由緩緩的地勢起伏
描繪出放牧場的情境

作品
D

運用庭園白髮苔這種紋理纖細的質感，重現牧場的情境。
只用了 1 種苔蘚，就可以有如此豐富的表現。
望一眼正在牧羊的老爺爺，讓人瞬間忘卻忙碌、療癒心靈。

從小東西
到大作品

就玻璃盆景而言，最不可或缺的就是「庭園白髮苔」。因為它們會緊密地生長、創造出草地的氛氛，並且能夠充分襯托公仔擺件。除了玻璃盆景外，也可以做成苔蘚盆栽，是應用範圍相當寬廣的苔蘚。

製作重點

雖然可以慢慢地分次將幾株苔蘚植入介質。但是使用開放型容器時，讓苔蘚以聚落方式直接整塊貼平在介質上，會更容易穩固。考量石頭或是化妝砂的擺放平衡狀態，即可打造出個人原創的情境！

使用的苔蘚 庭園白髮苔
使用的素材 基本介質、化妝砂、公仔擺件
容器尺寸 高 16cm、直徑 16cm

作品 E

紅色大門烘托出哈比人小屋的情境

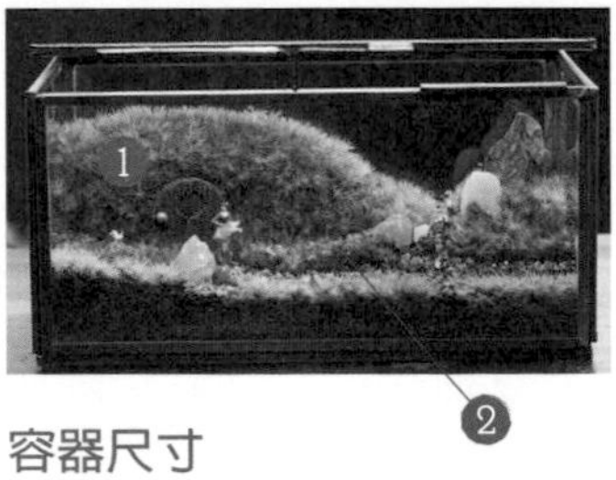

容器尺寸

寬 20cm、深 11cm、高 11cm

使用的苔蘚

❶ 庭園白髮苔
❷ 側枝走燈苔

使用的素材

基本介質、褐色石頭、石英、化妝砂、彩砂、陶製門片、公仔擺件

製作重點

即便是庭園白髮苔等較為低矮的苔蘚，只要有技巧地添加介質，就能完成如此富有造型的作品。讓介質適度保有溼潤、固定，一邊慢慢添加介質。

這是故事裡的哈比人世界。
將我們孩提時期
對哈比人生活的村落情境憧憬，
利用玻璃盆景完整呈現出來。
可愛的大門是利用軟陶燒製、
再上色而成。

什麼是軟陶（烤箱陶土）？

軟陶（烤箱陶土）是一種燒製溫度只需要 160 ～ 190℃低溫即可變硬的陶土。含有樹脂等成分，利用家庭用烤箱即可簡單完成燒製。也可以自由上色，享受多種造型的製作樂趣。

360 度盡情感受
那宏偉壯麗的景色
奢侈的大型玻璃盆景作品

作品
F

大型的溶岩石與多種苔蘚組合在一起創作出了動態景觀。這是一件可以從360度、任何角度欣賞的大型玻璃盆景作品。

使用的素材

溶岩石、化妝砂

容器尺寸

高 24cm、直徑 27cm

製作重點

1. 萬年苔
2. 疣葉白髮苔
3. 側枝走燈苔
4. 檜苔
5. 梨蒴珠苔
6. 羽苔
7. 東亞萬年苔
8. 絹苔
9. 溪邊青苔
10. 庭園白髮苔
11. 緣邊走燈苔
12. 曲尾苔

製作重點

放入介質時，將中央部位稍微墊高一點。在岩石環繞的中心部位，先放置岩石後再補入介質，即可創造出立體感。同時使用多種苔蘚時，可以和鄰近苔蘚採對比方式，先搭配好彼此的葉形與姿態後再進行配置，更能彼此互相襯托。

開放型的培育法

「幫它們尋找舒適的居住環境」這個重點與封閉型相同。開放型玻璃盆景的擺放地點限制較少，相反的，如果疏於給水，苔蘚會很容易乾枯，甚至也比較容易滋生細菌。這時必須立即進行相關處理（請參照P.135）。

給水

基本上與封閉型的培育法相同。只是和封閉型比較起來，開放型的水分比較容易蒸發，所以必須增加給水頻率以及給水量。

由於容器形狀及大小各異，這樣的準則可能無法涵蓋所有情形，基本上就是要觀察苔蘚的狀態，一旦發現苔蘚開始乾燥萎縮，就要確實給水。標準頻率差不多是每週1～2次。

最基本的方法是利用噴霧瓶等工具將水直接噴灑在葉片上。但是噴霧瓶的出水量較少，給水需求較大時，可以改用澆水壺直接澆灌在整個容器內。

給水量較大時，可以使用澆水壺

給水後可能會有水垢殘留，最好將附著在玻璃上的水滴擦拭乾淨。

擺放地點

不容易蓄熱、悶蒸的開放型玻璃盆景可以擺放在會接收到適當日照之處。與封閉型相比，擺放地點的限制較少。能夠在適度日照下健康生長的苔蘚物種相當多，因此可以培育的苔蘚物種較多也是開放型的優點之一。

將玻璃盆景擺放在不會接收到強烈日照的明亮地點。當然，也可以使用照明設備輔助。此外，因空調等空氣流動較強的地方容易造成乾燥，請避免擺放於容易乾燥的地點。

開放型容器內的苔蘚更能夠以自然的形態培育，比較不容易徒長，因此也不太需要整理、照顧那些過度生長的苔蘚。

喜愛日照的苔蘚更健康

開放型玻璃盆景可以擺放在會接收到適當日照的地點，一些喜愛日照的苔蘚物種也比較容易生長。

光線不足時，藉由 LED 燈補足

光線不足時，可以藉由照明方式補足。推薦使用比較不會發熱的 LED。開放型玻璃容器比較不容易因此而蓄熱，所以不用在意與照明之間的距離。

column

苔蘚喜好的明亮度

經常聽到「因為是苔蘚，所以應該比較喜歡陰暗的地點吧？」苔蘚的確給人一種大多生長在背陰處的感覺。然而，苔蘚所生長的「陰暗處」，與很多人認為的「陰暗處」實際上似乎有很大的差異。比方說，會長出苔蘚的森林、因建築物遮蔽而造成的陰影處，以及我們認為「不太明亮」的房間內部，究竟哪一個地方比較明亮呢？當然，會因為地點狀況不同無法一概而論。一般認為會是房間內最暗。房間內部就像是一個洞穴。光線主要是從窗戶進入（相當於洞穴的入口）。然而，就算是苔蘚，通常也不會生長在洞穴內。這只是一種眼睛的錯覺，從明亮的地方看向背陰處，當然會覺得背陰處很陰暗。一般所謂的背陰處其實比房間內部還明亮10倍左右。

所以如果想要在這麼「陰暗」的房間內欣賞苔蘚，重點應該是要將其盡量擺放在明亮的地點。就像我們需要吃飯一樣，苔蘚必須吃「光線」才能成長。把它們擺放在陰暗處等於是一種「不給飯吃的虐待行為」。

封閉型玻璃盆景比較麻煩的地方在於擺放在日照之處會容易悶蒸，必須尋找一個「不會直接日晒，卻又明亮的地點」。最好的方法是用一些簡約型的桌燈作為照明，不僅苔蘚可以因此健康成長，整個玻璃盆景看起來也更加美觀。如果準備照明有所困難，也可以選擇不要緊閉房間內的窗簾，盡可能找出一個「白天亮度可以用於閱讀的明亮地點」。

學會開放型容器的各種製作技巧，就有機會讓苔蘚重現它們在自然界中的原始樣貌，我們也可以盡情欣賞苔蘚原有的魅力。請務必好好感受這種苔蘚一點一滴成長的觀察樂趣。

讓苔蘚攀附在石頭上

多孔質且含有適度水分的溶岩石特徵是容易生苔，苔蘚很容易在其上方存活。
使用溶岩石後，苔蘚就會如下方照片般攀附在石頭上。
P.111 介紹的是如何讓苔蘚生長在石頭下方的方法，
此外，苔蘚也可以攀附在石頭上方。

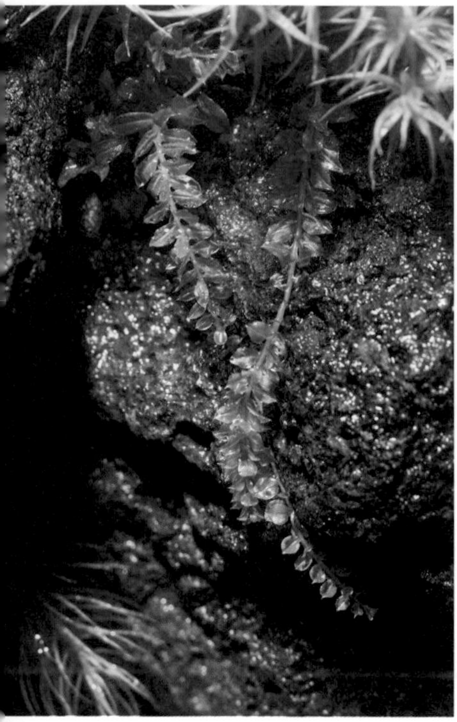

緣邊走燈苔，向下攀附到溶岩石。

種植在石頭上的羽苔，向下攀附到溶岩石。

材料・工具

容器（高 10cm、直徑 8cm）
基本介質、溶岩石、
鑷子（細）、
噴霧瓶

前置作業

將基本介質放入容器內，並且配置溶岩石的位置。

需要準備的材料

2種苔蘚

羽苔　　緣邊走燈苔

完成

↓

6個月後

❶ 剪下羽苔的葉片前端

用鑷子一根一根地夾取羽苔。

▼

將羽苔尾端與鑷子前端貼合夾起。注意苔蘚本身的生長方向。植入時，曲線的方向相當重要。

❷ 植入剪下的新芽

羽苔生長曲線的方向配合石頭的形狀，沿著石頭邊緣植入。

▼

同樣用鑷子一根一根地夾取緣邊走燈苔，再用同樣的方法植入。

藉由石頭生長

在自然界中，苔蘚經常生長於岩石之上。
使用苔蘚容易附著生長的溶岩石，即可望重現自然面貌。
請恣意欣賞苔蘚們一點一滴的成長過程。

前置作業

在容器內放入基本介質、溶岩石，用噴霧瓶噴溼溶岩石。

需要準備的材料

材料・工具

容器（高 4.5cm、直徑 12cm）
基本介質、溶岩石、
鑷子（細）、噴霧瓶、
保鮮膜或是透明蓋

2種苔蘚

梨蒴珠苔　澤苔

1 用鑷子將 1 株梨蒴珠苔分成小斷片。

2 澤苔也要進行相同的前置作業。可以將 1 株澤苔如上圖進行分枝處理。

3 使用鑷子，將苔蘚放入溶岩石的凹洞內。

4 大的是梨蒴珠苔，小的是澤苔。

5 避免苔蘚因水壓而沖散，用噴霧瓶稍微給水即可。

6

蓋上蓋子或是包上保鮮膜，封閉式養護 1 個月左右。等發出新芽後，再打開即可。

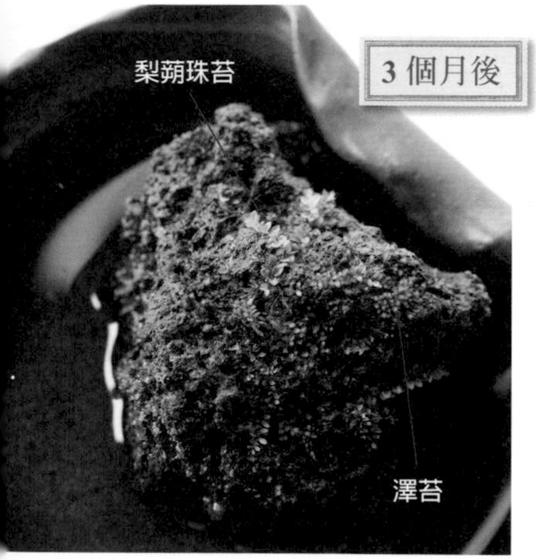

植入 3 個月後，大概會呈現這樣的狀態。照片範例中所使用的是梨蒴珠苔以及澤苔。

檜苔的植入方法

使用開放型容器植入檜苔時，必須稍微有點傾斜地植入。
不僅檜苔比較不容易乾燥，更能夠欣賞到其貼近自然界的樣貌。
在此以補植爲例，介紹檜苔的植入方法。

在自然界中，檜苔為了預防乾燥，經常看到它們會像這樣傾斜、互相倚靠生長的模樣。

需要準備的材料

苔 蘚

檜苔

工 具

鑷子、剪刀、澆水壺、噴霧瓶

1 將4～5株已將莖部下端修剪至一致高度的檜苔，整理成相同方向後捏成一束、再用鑷子夾起。

2 稍微傾斜地插入介質內。

3 用鑷子將介質稍微撥開，不要開得太大。再植入1～2束、補足空隙，如果有新芽也可以一起插入。

植入完成

column

在藝術品上大放異彩的苔蘚

苔蘚可以作為藝術品的素材。這種彷彿將部分自然情境帶入的「苔蘚藝術作品」，擁有能夠讓整個展場氣氛為之一變的力量。作品製作完成後，苔蘚還會持續生長，簡直就是一件「活的藝術品」。在此所介紹的苔蘚藝術作品使用的是特殊技巧——「苔蘚編織法」。

左：放在畫框內，即可如圖畫般作為裝飾品的「苔蘚藝術作品」。由於會隨著苔蘚生長而慢慢攀爬延伸，模樣也會有所改變。

下：此「苔蘚藝術品」有如在深山中爬滿苔蘚的岩壁。植物體構造纖細的苔蘚還具有清淨空氣的效果。

PART 4

挑戰其他苔蘚應用作品

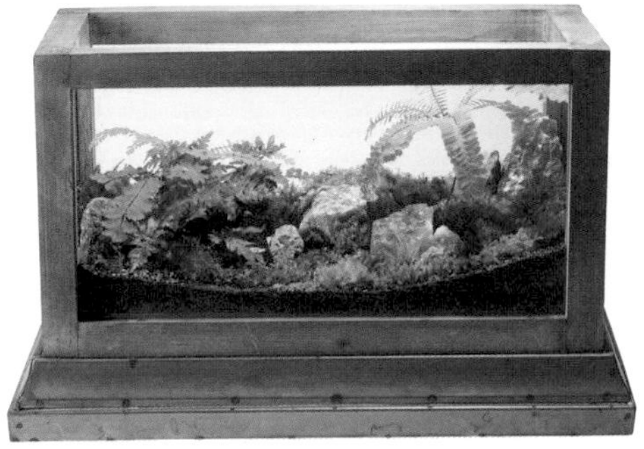

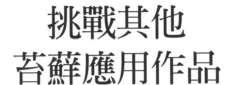

與其他植物組合搭配

植栽設計規劃師（P.116～P.131）／安元祥惠（Green Planer）

選擇喜好近似環境的植物

想要將苔蘚與其他植物一同放在玻璃盆景內欣賞時，最重要的是必須選擇一些與苔蘚喜好相同環境的植物。如果不是同樣喜歡溼度較高的狀態、通風稍有不良即無法忍耐的植物就無法在玻璃盆景內順利生長。再者，組盆時必須思考整體設計、判斷將某些植物放在一起是否有型且具有魅力。

考量植物特性與設計雙方面條件，最容易符合條件的就是蘭科植物與蕨類植物。蘭科植物的物種相當多，特性方面也非常不同，特性方面比較適合的是小型、可以附生在自然界中、從空氣中溼度獲取水分的蘭科植物。

與蕨類植物的配適度超高

往往會在石牆或是溪流邊，看到苔蘚旁邊生長著蕨類植物。苔蘚與蕨類在自然界中的配適度相當高。蕨類基本上喜歡溼度較高的環境，但是也必須通風，所以使用開放型且開口部位較大的容器會比較容易生長。

鹿角蕨（蝙蝠蕨）是一種近來人氣高漲的室內植物（indoorgreen）。在自然界中，它們會出現在空氣溼度較高的森林，並且附生在樹木上，重點是基部必須維持在稍微乾燥的狀態。只要弄清楚這一點，就可以好好享受與苔蘚組盆的樂趣了。

植株強健的觀葉植物也可以與苔蘚種植在一起。亞熱帶～熱帶的原產植物通常都喜愛空氣中的溼度，可以先調查植物特性後再進行選擇。種植時可以使用開口部位較大的容器，讓部分植物從容器中露出，如此一來也能增加用於組盆的植物種類。

由庭園白髮苔、健壯的蔓性植物——錦葉葡萄（青紫葛）以及菝葜科植物所組成的攀爬主題玻璃盆景。

於珠寶盒內種植庭園白髮苔，以及仙人掌科的絲葦（槲寄生仙人掌）。從珠寶盒中露出彷彿仙人掌骨頭般的植物，造型相當趣味。

照片右側鳥籠型容器內組合搭配的植物有梨蒴珠苔、庭園白髮苔、羽苔、羽蝶蘭、狹舌蘭（群千鳥）。

應用篇

製作方法

1

與富有野趣的羽蝶蘭，攜手開創山岳風景

羽蝶蘭原本就是一種生長在山崖等處的植物。即使是園藝物種也富有野趣，是與苔蘚以及石頭配適度相當高的植物。佐以同樣是蘭科植物的狹舌蘭（群千鳥），其美麗的葉片極具魅力。秋季還會開出嬌弱可愛的花朵。

需要準備的材料

容器

帶有鳥籠狀金屬鐵線
的玻璃容器
玻璃部分高 9cm、直徑 15cm

介質

培養土（種植苔蘚以外的植
物時使用）、
苔蘚專用基本介質

MILLION-A（珪酸鹽白土）

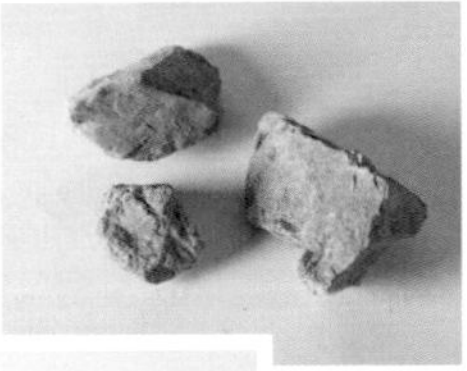

石頭

化妝石

使用的植物

羽蝶蘭

狹舌蘭（群千鳥）

工具

湯匙　　　筒型鏟
（寬幅、窄幅）

木棒、澆水壺、苔蘚專用
剪刀、鑷子、噴霧瓶

園藝專用剪刀

使用的苔蘚

梨蒴珠苔、羽苔、
庭園白髮苔

1 在容器內放入培養土

在容器內放入適量草本植物專用或是花草專用培養土。

用手捏起並且均勻灑入帶有預防根部腐爛效果的 MILLION-A。

② 將羽蝶蘭分株

盆子橫放、擠壓盆底，將羽蝶蘭脫盆。

由於盆內種植著好幾株羽蝶蘭，必須進行適當分株。

分株後的狀態。這次分成三分。

③ 分株狹舌蘭（群千鳥）

也將狹舌蘭（群千鳥）進行分株。

④ 放入培養土

配置石頭以及植物，確認整體平衡狀態、調整位置。

使用湯匙放入培養土。

⑤ 放入苔蘚專用介質

種植完羽蝶蘭以及狹舌蘭（群千鳥）後的狀態。

用木棒等工具將培養土按壓平整。

在培養土上方填補苔蘚專用介質，並使其溼潤。

6 植入苔蘚

植入苔蘚。不要植入太密集，稍微露出一些化妝砂會更有魅力。

鋪好苔蘚專用介質時的狀態。接著在容器邊緣鋪上化妝砂。

植入完成

將三層介質、大型石頭、苔蘚、羽蝶蘭以及狹舌蘭（群千鳥）融合在一起，完成一件可以遙想山岳地帶的情境作品。

完成

製作方法

2

與十分合得來的蕨類，共同打造里山地景

喜歡潮溼的蕨類，是很容易適應苔蘚玻璃盆景環境的植物。
在自然界中也經常與苔蘚生長在一起，
彼此看起來相當融洽。使用大型容器製作，
即可欣賞里山地景進入室內的感覺。

❶ 萬年苔
❷ 曲尾苔
❸ 溪邊青苔
❹ 梨蒴珠苔
❺ 庭園白髮苔
❻ 側枝走燈苔

需要準備的材料

介質

培養土（種植苔蘚以外的植物時使用）、苔蘚專用基本介質

石頭

MILLION-A
（珪酸鹽白土）

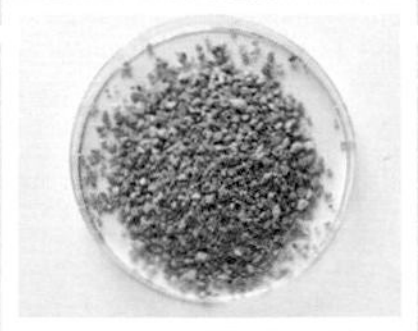

化妝砂

使用的植物

掌葉鐵線蕨

高山野草

使用的苔蘚

萬年苔、曲尾苔、溪邊青苔、梨蒴珠苔、庭園白髮苔、側枝走燈苔

防水工程用工具

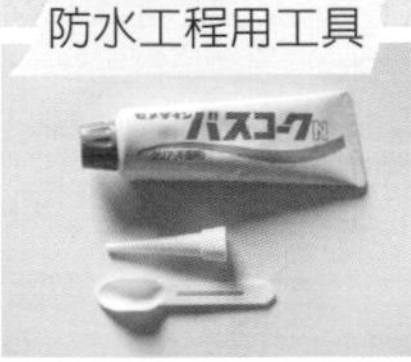

填縫劑

遮蓋膠帶

容器

有木框的玻璃箱型容器
寬 40cm、深 21cm、高 25cm

工具

筒型鏟、湯匙、園藝專用剪刀、木棒、苔蘚專用剪刀、鑷子、澆水壺、噴霧瓶

1 為預防漏水，必須先在容器內進行填縫防水工程

用手抹平填縫劑，使兩者之間毫無縫隙，等待乾燥。

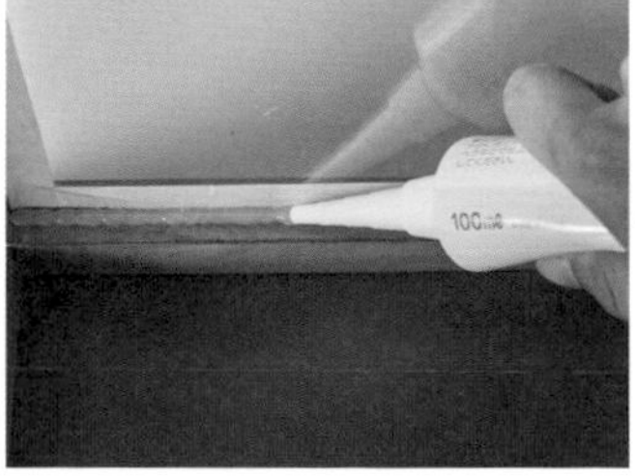

在木框與玻璃之間塗上填縫劑。

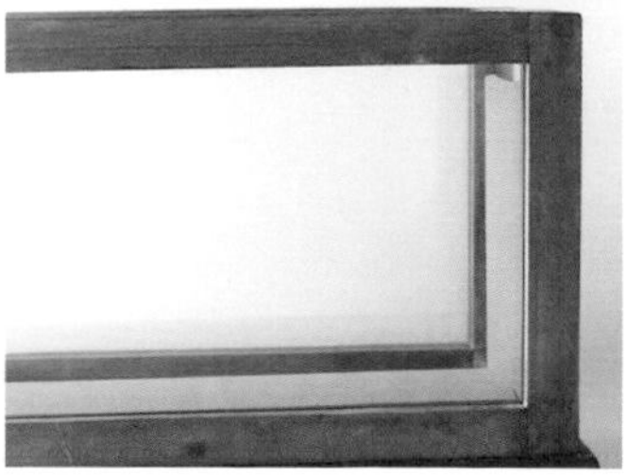

沿著木框內側，先在玻璃面貼上遮蓋膠帶。

② 在容器內放入培養土

適量均勻灑入 MILLION-A，預防根部腐爛。

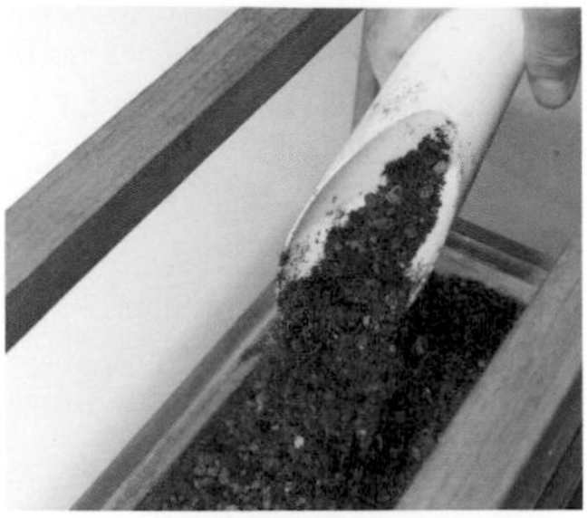

在容器內放入培養土。由於容器較大，使用筒型鏟會比較方便。

③ 植入蕨類的前置作業

高山野草脫盆後的狀態。用手輕輕撥鬆根部土壤。

使用剪刀，將高山野草分株成適合植入的大小。

考量其他蕨類與容器的整體平衡狀況，修剪成原本尺寸的2／3左右。

④ 決定植入的位置

同樣輕輕地剝鬆掌葉鐵線蕨的根部土壤，稍微剝掉一些泥土。

考量整體設計進行蕨類的配置。設計時也要考量那些沒有鋪設到苔蘚的地方。

5 用培養土種植

在寬廣處植入時，可以使用筒型鏟。

用湯匙在根部鋪上介質。

植入 2 種蕨類後的狀態。可以做出自然的高低起伏。

6 放入苔蘚專用介質

苔蘚專用介質放在表面時的狀態。

7 配置石頭、植入苔蘚

配置石頭後，再填補苔蘚專用介質，做出斜度。接著將介質淋溼，再植入苔蘚。並且在沒有鋪設到苔蘚的地方填入化妝砂。

完成

像這樣利用介質做出斜度，透過玻璃即可看到介質的剖面，也會成為一種魅力。

作品製作
重點
with other plants

作品
G

搭配鹿角蕨的生動作品

使用上方有開口或是正前方可以開窗的
玻璃盆景專用容器，
大膽地讓具有存在感的鹿角蕨與
漂流木搭配在一起的組盆作品。
給水時，必須使用噴霧瓶，
從鹿角蕨葉片基部的營養葉內側給水。

使用的植物
鹿角蕨

使用的苔蘚
庭園白髮苔、檜苔、
緣邊走燈苔、梨蒴珠苔

容器尺寸
寬 30cm、深 14cm、高 25cm

製作重點

將鹿角蕨的根部以乾燥水苔包覆，直接放在漂流木上，也可以僅針對鹿角蕨給水。由於容器下方有個可以放入介質的塑膠容器，在該處放入苔蘚專用介質，即可將苔蘚種植在漂流木旁。

1
這次使用 2 塊漂流木。
決定方向後，放入容器內。

2
將鹿角蕨脫盆，撥鬆根部土壤，修剪周圍的根部、縮小尺寸至 1/3 左右。

3

這次使用一大一小、共2株鹿角蕨。根部先用泡水回軟的乾燥水苔包覆，再用魚線捆緊。

作品
H

欣賞羽裂蔓綠絨根系 與各種苔蘚的趣味造型

可以從任何角度欣賞的大型玻璃盆景。
不僅可以欣賞到羽裂蔓綠絨的葉片，其根系的趣味造型也極具魅力。
羽裂蔓綠絨的根系與苔蘚很快地就會攀附在溶岩石上。

作品
從右側看起
來的狀態
1
2
3
4
5
6

製作重點

設計時必須考量即將植入的植物體根部形狀以及葉片方向等。為了凸顯溶岩石與根部的有趣造型，這次我們將羽裂蔓綠絨以稍微傾斜的方式植入。為了不要讓苔蘚呈平面狀態，在中央部位增加苔蘚專用介質，即可勾勒出立體感。

使用的植物

羽裂蔓綠絨

容器尺寸

高 21cm、直徑 23cm

使用的苔蘚

1. 曲尾苔
2. 船葉假蔓苔
3. 蛇蘚
4. 萬年苔
5. 絹苔
6. 側枝走燈苔
7. 東亞萬年苔
8. 梨蒴珠苔

作品
從後側看起
來的狀態
1
3
4
5
6
7
8

與仙人掌骨架組合、創作出的「植物藝術品」

將一種帶有細小葉片的仙人掌——絲葦、仙人掌骨架、
石頭、苔蘚搭配而成的個性作品。
半開蓋子進行養護管理，苔蘚比較不容易乾燥。

將鏡面當作池塘

利用容器底部的鏡子，選定一處作為池塘。倒映出苔蘚的風景也會成為一個觀賞重點。

製作重點

重點是必須確實思考過設計內容後再著手進行。因為右下角已經先選定作為池塘，所以倒入介質時必須緩緩地朝池塘方向做出斜度。

墨西哥產、仙人掌芯乾燥後的產物，一般稱作「仙人掌骨架（Cactus Bone）」。其孔洞處可以插入空氣鳳梨等植物。

1 在欲植入絲葦的位置倒入培養土，植入絲葦後再放置一塊較大的石頭，擋住土堆。

2 將右下角的鏡子部位空出來，倒入苔蘚專用介質並做出斜度後，配置石頭與仙人掌骨架位置。石頭的擺放位置決定後，再植入苔蘚。

使用的植物

絲葦（槲寄生仙人掌）

使用的苔蘚

❶ 曲尾苔
❷ 緣邊走燈苔
❸ 庭園白髮苔

容器尺寸

寬 35cm、深 12cm、高 11.5cm

特殊繁殖法、培育法

將苔蘚培育在玻璃盆景中，自然而然地就會開始增長，但是除此之外還有很多種繁殖苔蘚的方法。爲了擴大苔蘚的世界，敬請多方嘗試。

播種法

只要將剪碎的苔蘚隨意撒在介質上即可。不可思議的是這樣就可以培育出很美的苔蘚。幾乎所有的苔蘚都可以利用這種方法繁殖。大約 2 個月左右，即可生長成如下方照片的狀態。

需要準備的材料

材料・工具

容器、
基本介質、
湯匙、剪刀、
噴霧瓶、
保鮮膜或透明蓋

苔　蘚

仙鶴苔

1 將乾燥的仙鶴苔用剪刀剪碎。

2 剪碎後的仙鶴苔。

3 隨意撒在溼潤的介質上。

4 避免苔蘚因為水壓而沖散，用噴霧瓶稍微給水即可。

5 蓋上蓋子或是包上保鮮膜進行養護管理。每 2 ～ 3 週給水 1 次。

2 個月後

可以在水中培育

有幾種苔蘚可以在水中培育。
例如：統稱爲水草的薄網苔物種、叉錢蘚以及鳳尾苔等，
都可以用於製作玻璃盆景。

可以在水中生長的苔蘚

叉錢蘚

在水族箱世界裡，因擁有「纖毛（cilia）」而聞名。一般會漂浮生長，但是也經常會被放置於水族箱底，當作一片黃綠色的地毯。

可以漂浮在水面的

銀杏浮苔

如其名稱，形狀類似銀杏葉。會漂浮在池塘或是水田水面上，也可以生長在陸地上。

也有這種培育法⋯

將東亞萬年苔放在水中培育，其美麗的狀態可以持續維持半年以上。雖然原本不是生長在水中的苔蘚，但是用一種實驗的精神玩玩看，也是可以的。

可以生長在流動水中的

小鳳尾苔

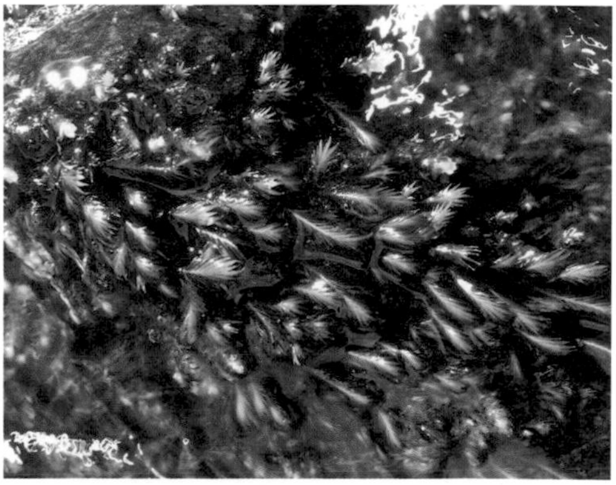

是葉片狀似鳳凰尾巴的蕨葉鳳尾苔親戚。在山間溪谷流水中生長的小鳳尾苔「毛色」美得相當特別。

苔蘚玻璃盆景的疑難雜症解決方法

想讓苔蘚維持健康，重點是平常就要仔細觀察。如果覺得與平時的狀態有異，就要去探究原因，並且及早因應，在演變成重大問題前妥善解決。

害蟲

苔蘚有時候會成爲小蟲們的家或是產卵的地方。
購買或是採集而來的苔蘚必須先充分檢查，
確認是否有蟲後，才能著手種植。

解決方法

如果看到毛毛蟲類的昆蟲，可以用鑷子夾除。在植入苔蘚之前，確實將髒汙或是泥土清理乾淨，即可去除許多小蟲。

葉片變褐色，乍看之下誤以為是枯萎老化。再仔細一看竟然發現了小小的白色糞便……。

仔細觀察後，發現小小的飛蛾幼蟲。許多幼蟲看起來和苔蘚長得非常相似，往往難以察覺。

菌菇

解決方法

長出菌菇後，最好要從根部切除。如果因爲覺得可愛而捨不得，可以稍微欣賞一段時間，在菌傘張開前移除。

培育苔蘚後，偶爾會長出一些菌菇。因爲模樣相當可愛，所以通常都會很想把它們留下來，但是當這些菌菇成熟後，孢子會開始擴散，菌菇的菌絲可能還會妨礙苔蘚的生長發育。此外，枯萎的菌菇也會成爲發霉的原因。

黴菌

玻璃盆景中有時會出現白白的黴菌。
種植時如果有確實去除雜質及髒汙，就不易滋生黴菌。
此外，如果植物體不夠強健也容易出現黴菌。
重點是要適度給予光照、讓苔蘚健康成長。

解決方法

如果置之不理，黴菌就會攻占整個容器。應盡速去除黴菌。當滋生黴菌的葉片部位變褐色時，必須從該部位更下方處開始切除。

消毒

去除黴菌後，應使用億力（Benlate）（X1000倍）等藥劑進行消毒。

去除黴菌

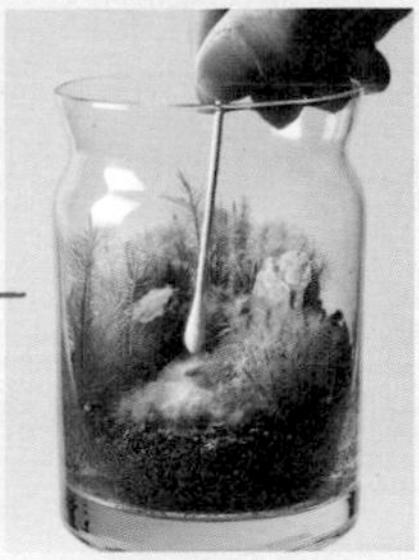

出現白色黴菌後，應使用棉花棒仔細去除。

這樣擴散下去，就難以恢復了

當黴菌擴散，甚至苔蘚也出現褐色、枯萎部分時，想要再恢復原狀恐怕相當困難。只能將健康的苔蘚拔出、洗淨，在新的容器內放入新的介質、重新種植。捨棄那些已經布滿黴菌的苔蘚，並且將容器仔細清洗、晾乾。

乍看之下像黴菌？其實錯了！

有一些褐色、雜亂的東西覆蓋在瓶內，乍看之下還以為是黴菌，但其實那些只是澤苔的假根。將苔蘚培育在封閉型容器內時，經常會像這樣出現假根茂盛的情形。

葉片變褐色

環境急遽變化、植物體老化時，
葉片會轉變爲褐色。
一旦葉片變褐色，
就無法再返綠。

解決方法

雖然不會造成什麼特別的危害，
如果在意，可以用剪刀修剪，
再用鑷子取出。

有時就算葉片變褐色也值得保留

檜苔
特意留下變為
褐色的葉片

或許很多人會覺得葉片變褐色後的苔蘚看起來並不美觀。但是，在自然界中綠色與褐色混雜並存的情形非常普遍。所以，或許將褐色的葉片留下也有一種特殊的「風味」。特別是開放型的玻璃盆景，枯葉還有維持溼度的作用，因此保留枯葉或許也有助於順利形成苔蘚聚落。

PART 5

更深入了解
苔蘚的大小事

苔蘚類植物可分爲三大族群

「苔蘚類植物」在植物分類學上，可細分爲「苔類植物門」、「地錢門（蘚）」、「角蘚門」等三大族群，特徵各有不同。

物種數量最多的是苔類，全世界約有一萬種，日本目前已知的苔類超過一千種。地錢門在全世界約有八千種，日本有六百種以上。角蘚門在日本國內僅有十七種，是數量相當懸殊的極少數族群。

苔類植物門

一般提到「蘚」，往往也會立刻聯想到「苔」這個好朋友。苔類植物門（Bryophyta）通常會建立起蓬鬆厚實的聚落。有些看起來與蘚類非常相似。用以區別的特徵是苔類是擁有莖與葉的「莖葉體」。

莖部又可分爲向上生長的直立型，以及莖部會攀爬生長的匍匐型。

許多苔類的葉片中都有稱作「中肋」的部位。孢子會在孢蒴上方的蓋子開啓時，飛散出去。

照片中為土馬騣（又名金髮苔）。它們是頗具代表性的苔類——檜葉金髮苔的好朋友。

長出孢蒴的緣邊走燈苔。

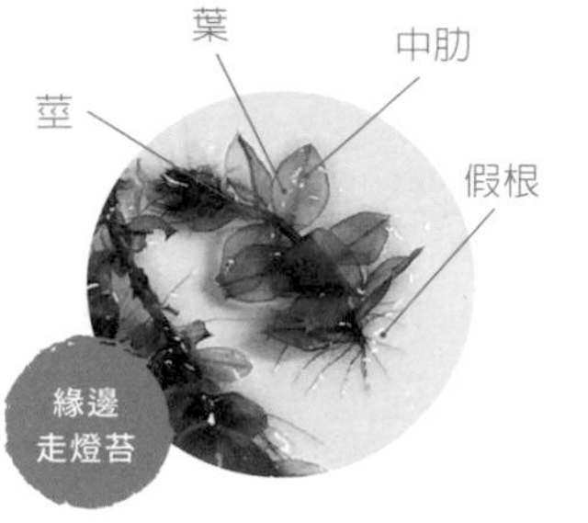
葉
中肋
莖
假根
緣邊
走燈苔

直立型
孢蒴
孢子體
蒴柄
葉
莖
假根

匍匐型
蒴齒
孢蒴
孢子
葉
枝
蒴柄
假根
莖

地錢門（蘚類）（Marchantiophyta）

最具代表性的就是地錢。有些蘚類會如地錢般有著平坦、寬大的葉狀體，有些則擁有莖與葉的莖葉體。只是皆與苔類不同，蘚類的莖葉體葉片內並沒有中肋。孢蒴呈球形或是圓筒形。孢子會在孢蒴縱向裂開時，飛散出去。

地錢門（蘚類）的雌株

地錢雌株上的雌生殖托。黃色球狀物為孢蒴。

粗裂地錢雌株上的雌生殖托。

會形成莖葉體的類型

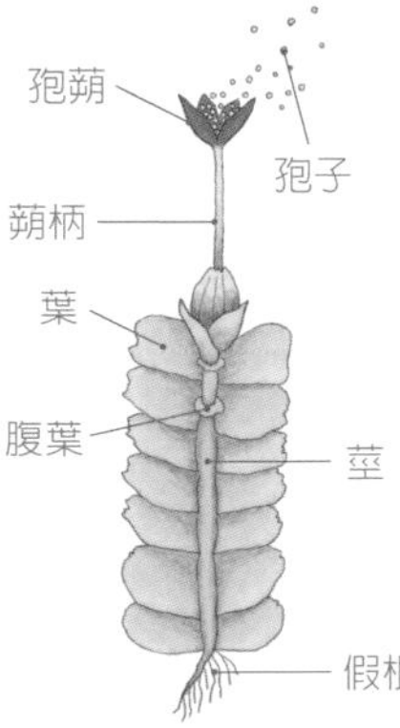
孢蒴
孢子
蒴柄
葉
腹葉
莖
假根

會形成葉狀體的類型

雄生殖托
雌生殖托
孢蒴
假根
無性芽杯

蛇蘚的特徵會讓人聯想到蛇鱗。

角蘚門（Anthocerotophyta）

莖與葉沒有區別，形狀如其名稱，特徵是具有「角」狀的細長孢子體。從與地錢門（蘚類）相似的葉狀體延伸長出的「角」成熟後，前端部位會縱向裂開，讓孢子飛散出去。同類植物的演化起源等還有許多未知之處。也很難爲人所發現，如果有機會見到，可以說是非常幸運。

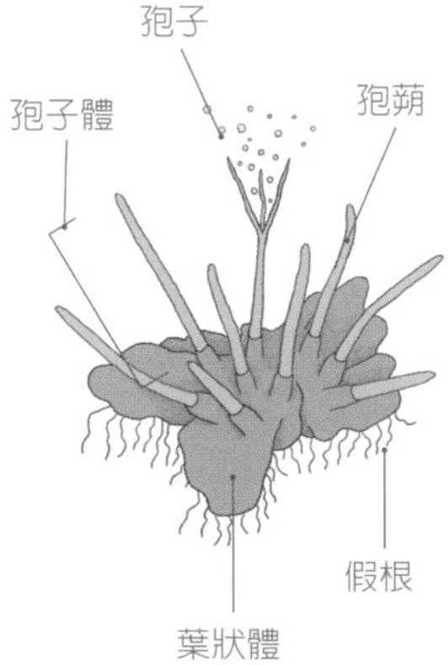
孢子
孢子體
孢蒴
假根
葉狀體

特徵是具有角狀的孢蒴。

苔蘚的一生能讓人一窺生命的奧祕

精子會在水中與正在游泳的卵子結合

苔蘚沒有花也沒有種子，是一種用孢子繁殖的植物。那麼，孢子是如何生長出來的呢？

不少苔蘚類植物都有雄株與雌株的區別。雄株用藏精器製造精子，雌株則用藏卵器製造卵子。遇到下雨等能夠獲得水分時，精子就會以游泳的方式抵達卵子，最終完成受精、產生胚胎。胚胎會從雌株獲取養分、成長，形成孢子體。

孢子體前端有孢蒴，裡面藏有無數個孢子。待孢子完全成熟後，孢子就會從孢蒴中飛散出來，乘著風抵達新的住處。在該處落地發芽、形成「苔蘚寶寶」的原子體，並且以線狀方式擴散。在該處長出新芽，成爲一株新的苔蘚。

孢子體常見於春季與秋季。所以，只要在這些季節近距離觀察苔蘚，或許就能夠發現可愛的孢蒴。

苔蘚的生命週期

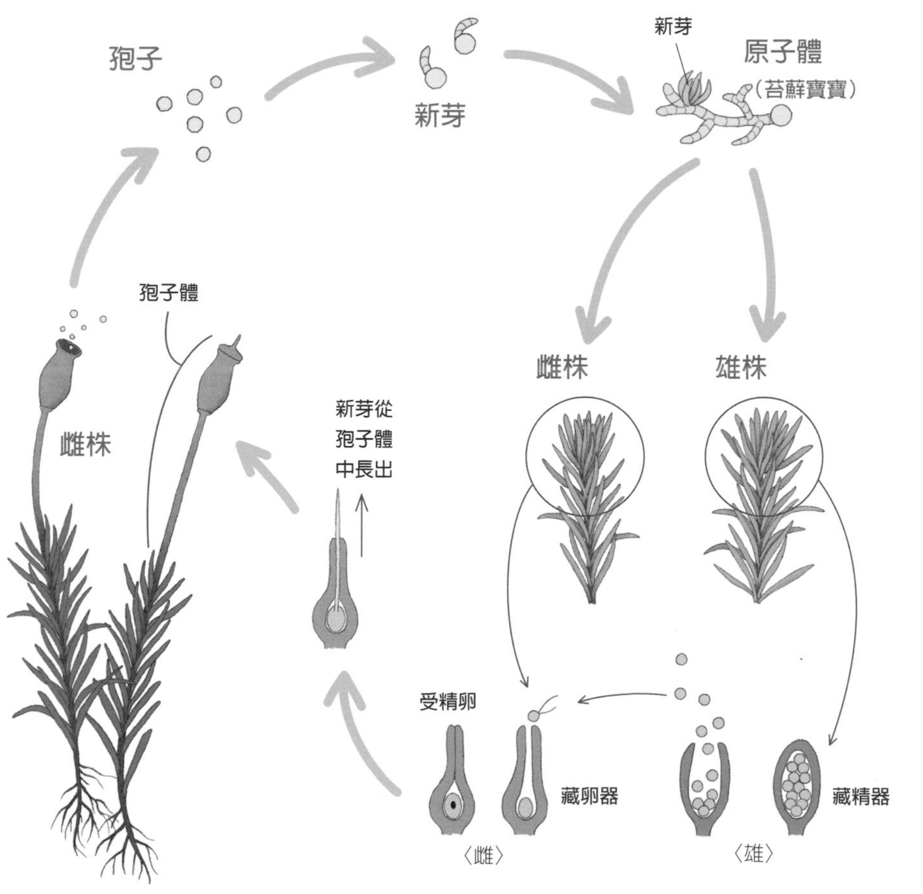
孢子
新芽
新芽
原子體
（苔蘚寶寶）
雌株
雄株
孢子體
雌株
新芽從
孢子體
中長出
受精卵
藏卵器
藏精器
〈雌〉
〈雄〉

是「奉子成婚」仍有些不安 還必須有些手段才行

如果只是期待精子與卵子結合，這種所謂的「奉子成婚」，繁殖機會恐怕有限。因此，它們本身的莖葉以及無性芽等部分植物體也會悄悄地分離、增生，進行「營養繁殖」。

比方說，地錢類的葉狀體上方會有小型的杯狀物，會不斷地從杯狀物中製造出微型的無性芽。它們會藉助雨水等方式流動、擴散，而誕生新的地錢。有些物種的苔蘚則會在葉片基部以及葉緣等處長出微小的無性芽。這些無性芽是與原本植物體擁有相同遺傳基因的無性繁殖體（clone）。

此外，隨著苔蘚物種不同，有些苔蘚會有出現部分莖或葉脫離情形，藉此長出新的苔蘚。P.132「特殊繁殖法、培育法」中介紹的「播種法」雖然可行，但是仍必須視苔蘚本身的特性而定。苔蘚爲了留下後代子孫，可是不遺餘力呢！

苔蘚的營養繁殖

粗裂地錢上長出的杯狀無性芽杯。可以從中製造出無性芽。

從苔蘚類植物體脫落的部分為節莖曲柄苔的無性芽。

各式各樣的孢蒴

日本小金髮苔

緣邊走燈苔

梨蒴珠苔

風鈴苔

泥炭苔

堅韌的苔蘚生存之道

別誤解喔！其實我們喜歡光線！

由於苔蘚大多生長在背陰處，因此很多人先入爲主認爲「苔蘚喜歡陰暗處」，這其實是個誤解。的確有很多苔蘚討厭強光，但是既然是要藉由光合作用生長的植物，還是必須接收最低限度的光線，無法在毫無光線的陰暗場所生長。

此外，它們也不一定會喜歡潮溼的地方。當然，沿著溪邊、落水槽下方等經常有水分的地方對苔蘚來說是很舒適的居住環境。另一方面，它們也能夠在市區乾燥的水泥板縫隙中堅韌地生長。據說火山爆發、熔岩流冷卻固定後，最早生長在上面的植物就是苔蘚。

「在水中沉睡等待」即使乾燥也能忍耐

不論苔蘚是爲了生存，還是要進行繁殖活動都必須要透過水。然而，苔蘚與種子植物等不同，它們的特徵是表面幾乎沒有稱作表皮或是角質層等臘狀物質，因此非常容易乾燥。

在維持生命方面，乍看之下好像是缺點，但是從另一個角度來看，其實整個植物體都可以吸收水分。雖然無法避免水分從植物體表面流失，但是只要給它們水分，它們就可以立刻吸收。

乾燥時葉片會縮起、呈現休眠狀態，一旦獲取水分，全身細胞就會一口氣吸飽水分後甦醒、重新進行光合作用。因爲帶有這樣的特性，所以它們才能夠生長在岩場或是水泥圍牆等處。

在玻璃盆景內栽種苔蘚，看到苔蘚因爲乾燥而萎縮時，似乎很多人會覺得擔心「該不會枯萎了吧！」不過別擔心。只要用噴霧瓶給水，它們就會立刻恢復成鮮嫩欲滴的綠色、舒展健康有活力的葉片。

乾燥的狀態。葉片縮起、變成墨綠色。

↓

用噴霧瓶給水，幾分鐘後，葉子就會轉為鮮綠色，並且舒展開來。

在這樣的環境下也能生長

生長在特殊環境的苔蘚

世界各地都有苔蘚的蹤跡。熱帶地區的山岳等處也是苔蘚們喜愛的場所，高山岩場、甚至是南極池塘底部都長有苔蘚。可以說除了海水以外，地球上所有地方都能夠發現苔蘚。苔蘚能夠生存在其他植物無法忍受的寒暑、乾燥狀態。

其中，有些苔蘚還能夠生長在一些特殊的環境。日本有一種可以生長在含有硫磺泉這種帶有強酸性水中的火山葉蘚（日本名：茶蕾苔），還有可以終身漂浮在水面上的銀杏浮苔等怪咖級苔蘚。

光苔，因爲看起來像是會發光而聲名大噪（其實是反射），但是它們只生長在山洞內或是岩石縫隙等處。是一種特意生長在微暗處的苔蘚。

有「銅好」的怪咖劍葉舌葉苔

「劍葉舌葉苔」是另一個怪咖代表。只要是會接觸到從銅瓦屋頂流下的雨滴等有銅離子的地方，它們就能在該處生長。

一般來說，即使銅元素非常微量，也會對植物的生長帶來一些毒性。不過，「劍葉舌葉苔」卻很不可思議地特別偏愛銅元素。日本初次發現時是在池上本門寺（東京），日方因此命名爲「本門寺苔」。

生長在寺院銅製水缸上的「劍葉舌葉苔」。它們會利用毛細現象取得水分。

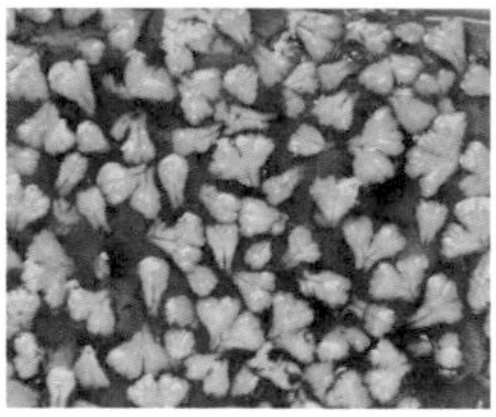

可以終身在水中生長的「銀杏浮苔」。

苔蘚與地衣同居

彷彿在傘狀石塔上，與苔蘚相互競爭的地衣類。

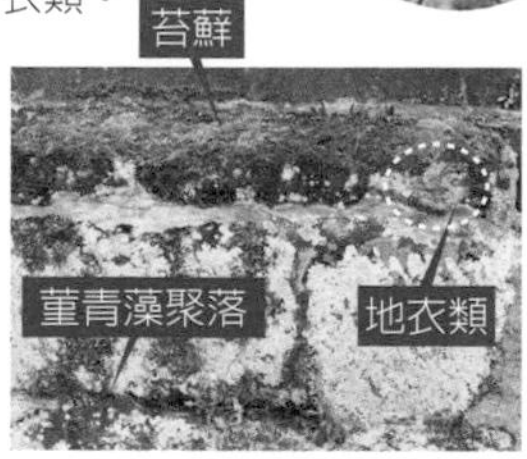

生長在牆上的橘色植物是一種叫做「菫青藻」的藻類聚落。右上角白色的是地衣類，其餘綠色的則為苔蘚。

白色的是地衣。

疏葉卷柏的日文名稱是「クラマゴケ」，名稱中雖然有「ゴケ（苔蘚）」，卻是蕨類植物。

我不是苔蘚

只是在苔蘚身旁、長得很像苔蘚

有些植物不是苔蘚，卻與苔蘚喜歡同樣的環境，植物體尺寸也差不多。最具代表性的就是地衣類。常見於樹幹或是石牆等處，和苔蘚相比，特徵是顏色偏白至灰，摸起來觸感較硬。

也有和苔蘚長得非常相似的藻類。藻類通常給人生長在水中的印象，但是其中也有一輩子都生長在陸地的。

此外，「疏葉卷柏」等尺寸較小、會匍匐在地面的蕨類植物也常常被誤認為是苔蘚。

適合製作
玻璃盆景的
苔蘚圖鑑

本圖鑑使用方法

接下來至P.166為止的圖鑑，主要是介紹容易透過網路商店等方式取得的苔蘚物種。許多苔蘚乍看之下，實在難以判斷其物種名稱，因此業者往往會將許多種苔蘚以單一名稱標示、販售。本圖鑑不拘泥於學術上的正確性，而是以實際購買苔蘚時的便利性為優先考量進行標示。詳情請參閱以下各項說明。

1
暖地大葉苔（大傘苔）
2
【真苔科】
Rhodobryum giganteum
3
4
直立型苔蘚
5
封閉型
△
開放型
△
PART 5 更深入了解苔蘚的大小事
9
從側面看到的狀態
這種苔蘚的開傘狀模樣令人相當深刻，一旦發現它們的蹤跡就會忍不住想要幫它們多拍幾張照片。英文名爲「Rose moss」，是被人們譽爲玫瑰的一種美麗苔蘚。近似物種有「狹邊大葉苔（R.ontariense）」以及「大葉苔（R.roseum）」等。
6
培育在玻璃盆景時的重點
在培育上稍微有點困難。不耐熱，必須放置於涼爽的環境。此外，封閉型容器內會不斷長出棒狀的新芽，但是新芽難以舒展開來。新芽剛冒出時，適度給予換氣會讓新芽更容易成長。在開放型容器下，植物體容易因爲乾燥而損傷，植入介質時最好深入一點。
7
Data
尺寸：直立莖高6～8cm、葉長1.5～2cm
生長地點：分布於日本本州～沖繩。大多生長於樹林下方腐植土等處。
使用方法：除了用於製作玻璃盆景，也經常銷售用於水族箱內，但是似乎不容易培育。
8
151

❶ **中文名**
台灣所使用的標準名稱。括號內為別稱。

❷ **科名**

❸ **學名**
以拉丁文標示的正式名稱。學名又稱「二名法」，由屬名和種小名兩個字組合標示。屬名+sp.（比方說P.148的*Dicranum* sp.），意思是「*Dicranum*（曲尾苔）屬的物種」。

❹ **莖部延伸的類型**
莖部的延伸型態可分為直立型與匍匐型。然而，即便是匍匐型的苔蘚，有時候放在封閉型的玻璃盆景內也可能會變成直立型。

❺ **在玻璃盆景內培育的難易度**
分別以封閉型與開放型進行標示。◎表示非常容易培育。○表示容易培育。△表示稍微有些困難。

❻ **說明**
說明其特徵以及名稱由來等。

❼ **在玻璃盆景內培育時的重點**
在玻璃盆景內培育時應注意的地方及訣竅等。

❽ **小檔案**
植物體尺寸、生長於自然界的哪些地方等。

❾ **照片**
介紹特徵部位。

封閉型
◎

開放型
△

檜苔

【檜苔科】

Pyrrhobryum dozyanum

直立型苔蘚

紅葉的狀態

檜苔的日本舊名爲「黃鼠狼尾巴」，的確是一種長得鬆鬆軟軟、很像尾巴的苔蘚。一旦發現它們的聚落，就會讓人很想伸手去摸一摸。大多群生在山地的腐植土上。

培育在玻璃盆景時的重點

它們非常容易在封閉型容器內培育。與在大自然中生長比較起來，莖部會筆直地直立生長，看起來很像一株微型小樹。使用密閉性稍差的容器，就不會造成生長遲緩，反而可以更健壯地生長。使用開放型容器則容易乾燥、難以生長。植入時（參照P.113），請留意它們的聚落生長情形，並且充分予以照顧。

Data

尺寸：莖高 5 ～ 10cm、葉長約 10mm
生長地點：分布於日本本州以南。森林裡的腐植土等處。
使用方法：經常有人販售、作為製作玻璃盆景。也可以作為庭園景觀用苔蘚，但是喜歡溼度較高的環境，難以生長在容易乾燥的地區。

封閉型
○
開放型
○

梨蒴珠苔

【珠苔科】

Bartramia pomiformis

直立型苔蘚

梨蒴珠苔的孢蒴

名稱由來是因為它們在初春時期（2～4月左右）長出的孢蒴為圓球形，英文名為「Apple moss」，它們的孢蒴看起來就像一顆蘋果。不僅是孢蒴的部分，帶有鮮豔的黃綠色葉片也極具魅力，相當受到人們喜愛。經常生長在斜坡上或是岩場等處。

培育在玻璃盆景時的重點

它們帶有明亮的黃綠色以及可愛的孢蒴，在玻璃盆景界非常受到歡迎。但是，它們相當怕熱，夏季植物體的狀況通常不太好。然而，只要有注意溫度（30℃以下），不論是放在封閉型或是開放型容器內都會很容易生長。最後的大絕招是夏季時期，可以先將它們放入冰箱的冷藏室。

Data

尺寸：莖高4～10cm、葉長4～7mm
生長地點：分布於北海道～九州。經常生長在山地背陰處岩石上或是岩石縫隙、土堆斜坡等處。
使用方法：可以作為庭園景觀用苔蘚，也經常用於製作玻璃盆景。

封閉型
○
開放型
◎

庭園白髮苔

【白髮苔科】

Leucobryum juniperoideum

直立型苔蘚

庭園白髮苔的孢蒴

日文名稱「ホソバオキナゴケ」中帶有「老翁（オキナ）」以及「白髮」之意，因爲它們乾燥時葉片會變白。它們會創造出茂密的聚落，所以在日本俗稱「饅頭苔」，是相當符合「苔蘚形象」的一種苔。經常難以與近似物種——白髮苔（*L.bowringii*）區分，兩種分別以山苔、庭園白髮苔等不同的名稱流通於市面。

培育在玻璃盆景時的重點

它們帶有一種微型世界的「草地」氣氛，但是在封閉型容器內容易雜亂生長。爲了維持其密集的草地狀態，建議使用開放型容器。它們耐乾燥，不需要太明亮的環境，因此非常適合培育在室內。

白髮苔
酷似庭園白髮苔。針狀的葉尖方向凌亂。

Data

尺寸：莖高 2 ～ 3cm、葉長 2 ～ 3mm

生長地點：分布於北海道～沖繩。生長於杉樹等針葉樹的樹幹或是樹幹基部、腐植土等處。

使用方法：可用於盆栽、作為庭園景觀用苔蘚、製作玻璃盆景等各種使用形式。

封閉型
△

開放型
○

直立型
苔蘚

曲尾苔

【曲尾苔科】

Dicranum sp.

葉尖通常會彎曲如鐮刀

這種苔蘚外觀看起來像是一條條的尾巴。經常會與大型髮苔／假髮苔（*D.scoparium*）或是中型東亞曲尾苔（*D.nipponense*）等不同物種的苔蘚混淆銷售。較大型的曲尾苔和檜苔有點相似，但是一般來說會給人更強健的感覺。

培育在玻璃盆景時的重點

在封閉型容器內時，莖部會徒長，位於地面上方的部位也容易長出假根，因此基本上難以培育得多漂亮。使用開放型容器則不會徒長，非常適合培育中、小型的物種。另一方面，大型物種的葉尖容易受損，培育時會稍微困難一些。

Data

尺寸：市面上流通的莖高大多為 3 ～ 5cm（依物種）。

生長地點：經常生長於山地腐植土等處（依物種）。

使用方法：可以作為庭園景觀用苔蘚。

封閉型
○
開放型
△

東亞萬年苔

直立型
苔蘚

【萬年苔科】

Climacium japonicum

新芽的模樣

過去曾作爲日本高野山上的靈草（護身符）。如同其名稱中的「草」字，它們的尺寸一點都不像「苔蘚」，乍看之下甚至很像一株微型景觀的「小樹」。不過它們還是被列入「苔蘚」一族。證據是它們並沒有根，只是由匍匐在地面的地下莖與向上生長的直立莖所構成。一般生長在森林裡鬆軟的腐植土等處。

培育在玻璃盆景時的重點

培育在封閉型容器內，有時會因爲季節而不容易長出新芽。一旦有新芽冒出，白天必須適度予以換氣，葉片會更容易舒展開來。在開放型容器內容易乾燥，不太容易培育。

Data

尺寸：直立莖高 5 ～ 15cm、葉長 2.5mm 以下

生長地點：分布於北海道～九州。生長於山地腐植土上。

使用方法：可用於製作玻璃盆景。

封閉型
△

開放型
○

萬年苔

【萬年苔科】

Climacium dendroides

直立型
苔蘚

從上方俯視的狀態

擁有「不老草」的美譽。與東亞萬年苔同樣有「草」這個字，也都是苔蘚一族。通常生長於明亮且水氣較多的地方。與東亞萬年苔長相類似，但是體型稍微較小，前端不會向下垂。此外，要注意的是培育時的特性也有相當大的差異。

培育在玻璃盆景時的重點

在封閉型容器內，新芽會徒長、葉片難以舒展，因此比較不適合採用封閉型。但是，這種比較大型的苔蘚，在開放型容器內也會容易乾燥，所以如果想培育在較大型的容器時，植入介質時最好深入一點。

Data

尺寸：直立莖高約 8cm、葉長約 3mm
生長地點：分布於北海道～九州。生長於潮溼地面、腐植土上、溼地等處。
使用方法：可用於製作玻璃盆景，或是作為庭園景觀用苔蘚等。

封閉型
△
開放型
△

暖地大葉苔（大傘苔）

【真苔科】

Rhodobryum giganteum

直立型苔蘚

從側面看到的狀態

這種苔蘚的開傘狀模樣令人相當深刻，一旦發現它們的蹤跡就會忍不住想要幫它們多拍幾張照片。英文名為「Rose moss」，是被人們譽為玫瑰的一種美麗苔蘚。近似物種有「狹邊大葉苔（*R.ontariense*）」以及「大葉苔（*R.roseum*）」等。

培育在玻璃盆景時的重點

在培育上稍微有點困難。不耐熱，必須放置於涼爽的環境。此外，封閉型容器內會不斷長出棒狀的新芽，但是新芽難以舒展開來。新芽剛冒出時，適度給予換氣會讓新芽更容易成長。在開放型容器下，植物體容易因為乾燥而損傷，植入介質時最好深入一點。

Data

尺寸：直立莖高 6 ～ 8cm、葉長 1.5 ～ 2cm

生長地點：分布於日本本州～沖繩。大多生長於樹林下方腐植土等處。

使用方法：除了用於製作玻璃盆景，也經常銷售用於水族箱內，但是似乎不容易培育。

封閉型
◎
開放型
○

蕨葉鳳尾苔

【鳳尾苔科】

Fissidens sp.

直立型苔蘚

生長在溪谷水邊的蕨葉鳳尾苔

因看起來像鳳凰的尾巴羽毛而命名。捲葉鳳尾苔（*F.dubius*）與小鳳尾苔（*F.nobilis*）等物種的蕨葉鳳尾苔經常會被放在一起販售。有些物種會傾斜生長在岩壁等處，並且以下垂的形式生長，也有直接生長在土壤上的物種，從非常小型到大型的物種都有。

培育在玻璃盆景時的重點

在較昏暗的地點生長，它們也不太會顯得疲弱，由於成長速度也較爲緩慢，是適合新手入門的苔蘚類型。在封閉型容器內的植物體變異情形較少，因此建議可以輕鬆地先從封閉型容器開始。特別是大型物種，如果放在開放型容器內會比較容易乾燥，可以將植物體修剪變短後再植入。

Data

尺寸：市售大多為莖高 2 ～ 6cm 的物種（依物種）

生長地點：日本市區常見伽羅苔等小型物種。大型物種主要生長於山地（依物種）。

使用方法：可以作為庭園景觀用苔蘚。

封閉型
○

開放型
◎

仙鶴苔

【土馬騣科】

Atrichum undulatum

直立型苔蘚

仙鶴苔的孢蒴

常見於市區公園等處，通常與「緣邊走燈苔」生長在一起。細長的葉片帶有透明感，側面呈波浪狀，因此又稱作「波葉仙鶴苔」。「仙鶴苔」在土馬騣科中相當稀少，特徵是孢子體上沒有纖毛。

培育在玻璃盆景時的重點

培育在封閉型容器內會稍微出現徒長情形，但是帶有透明感的葉片相當唯美，也容易在封閉型容器內培育。從介質中不斷長出的新芽相當惹人憐愛。只要修剪已變成褐色的上方葉片，新芽就會持續不斷地生長。在開放型容器內更容易培育，而且還能夠欣賞到其自然的型態。

Data

尺寸：莖高 4cm 以下，葉長 8mm 以下

生長地點：分布於北海道～九州。除了山地以外，也普遍生長於市區。

使用方法：可以作為一般「地面苔蘚」任其隨處生長，或是放在庭園、寺廟內仔細養護。

封閉型
○
開放型
○

節莖曲柄苔

直立型苔蘚

【曲尾苔科】

Campylopus sp.

看起來白白的部位是節莖曲柄苔的無性芽

節莖曲柄苔以及近似物種——日本曲柄苔等，在市面流通時幾乎不做特殊區分。大多生長在靠近河川的岩場等處。如毛筆般的針狀細葉會筆直地向上延伸，建立聚落後會閃閃發光非常美麗。許多苔蘚乾燥後就會萎縮或是捲曲，看起來變化多端，但是節莖曲柄苔卻不太會變化，即使乾燥也能保有鑑賞性。

培育在玻璃盆景時的重點

雖然會依季節而有所不同，但是因爲葉片容易掉落而稍微有點不太好處理。在封閉型或是開放型容器內培育皆可，必須注意的是它們比較容易遭到黴菌入侵。

Data

尺寸：莖高 2 ～ 7cm，葉長 3 ～ 4mm
生長地點：分布於北海道～沖繩。會生長在稍微有些乾燥的岩石或是地面。
使用方法：可以作為庭園景觀用苔蘚。

封閉型
◎

開放型
○

疣葉白髮苔

直立型苔蘚

【白髮苔科】

Leucobryum scabrum

莖部非常會延伸

這款苔蘚雖然外觀看起來白白的，卻可以長時間維持蒼勁的狀態，實在不好意思用「白髮」一詞稱呼它們。葉片呈針狀，葉尖突起。常出現於日本本州南部，白白綠綠的模樣有一種不可思議的存在感。

培育在玻璃盆景時的重點

因爲適合用於製作玻璃盆景而受到矚目，幾乎不太會有黴菌滋長等問題，是非常容易培育的苔蘚。如果在封閉型容器內勤快地給水，綠色就會加深。相反的如果限制給水，就會變得比較白。培育在封閉型容器內不太會出現徒長等情形，建議可以輕鬆地使用封閉型容器培育。

Data

尺寸：莖高 5cm 以上，葉長 10mm

生長地點：分布於日本本州～沖繩。特別是南部地區較多。會生長在山區地面、腐木或是岩石上。

使用方法：一般來說，很少人會拿來使用，但是其實適合用於製作玻璃盆景。

封閉型
△

開放型
○

澤苔

【珠苔科】

Philonotis sp.

直立型苔蘚

澤苔的孢子體

包含偏葉澤苔（*P.falcata*）以及東亞澤苔（*P.turneriana*）等。如其名所示，大多生長在沼澤水面附近。帶有螢光感的鮮黃綠色，是非常美麗的一種苔蘚。葉片容易蓄積水珠，與水珠搭配起來更添美感。

培育在玻璃盆景時的重點

在封閉型容器內會逐漸長出密集的假根，使得植物體變得非常纖弱，因此並不適合培育在封閉型容器。即使在一定的乾燥程度下，它們的狀況看起來也不會太差，請務必用它們挑戰開放型的玻璃盆景。

Data

尺寸：莖高 2 ～ 5cm，葉長 1 ～ 2mm

生長地點：偏葉澤苔分布於北海道～沖繩。會生長於潮溼地面或是岩石上。

使用方法：雖然不太常被使用到，但是如果要用來製作玻璃盆景，比較適用於開放型容器。

封閉型
△

開放型
◎

水苔

【泥炭苔科】

Sphagnum sp.

直立型苔蘚

圓形的泥炭苔孢蒴

生長在溼原等處的苔蘚。植物體結構呈海綿狀，由於能夠保存非常多水分，經常以「乾燥水苔」的形式作爲園藝資材使用。然而，出乎意料的是認識「活水苔」的人非常稀少。它們現在因爲能夠吸取溫室氣體而成爲重要的植物，受到大家矚目（參照P. 56）。低海拔處常見的水苔大多爲泥炭苔（*S.palustre*），除此之外還有白齒泥炭苔（*S.girgensohnii*）等數十種水苔。

培育在玻璃盆景時的重點

在封閉型容器內培育，會氣勢強勁地生長一陣子，通常葉片就會開始轉白，狀態也會逐漸變得很詭異。在開放型容器內培育，只要確保其擁有充分的光線，就很容易生長。

Data

尺寸：莖高10cm以上，葉長1.5～2mm

生長地點：分布於北海道～九州。生長於山區潮溼地面或是溼原。

使用方法：除了用作園藝資材，這些稱作「泥炭（Peat）」的植物遺體堆積物亦可作為燃料或是威士忌調香等，在苔蘚界中相當珍貴，有各種形式的使用方法。

封閉型
△

開放型
○

土馬騣（金髮苔）

直立型
苔蘚

【土馬騣科】

Polytrichum commune

孢蒴上長有細小的纖毛

一種形狀如杉樹芽的苔蘚。一般在市面上流通的是土馬騣（*P.commune*）以及長相類似的美姿土馬騣（*P.formosum*）。其鮮豔的綠色與分量感相當令人驚豔，在庭園造景方面，也是最能展現出高貴感的苔蘚。雖然經常用於庭園景觀，但是容易受到環境影響，並不是容易培育的苔蘚物種。

培育在玻璃盆景時的重點

雖然很容易取得，但是培育在通風性不佳的室內，出現黴菌的風險高。此外，在封閉型容器內會嚴重徒長，因此並不適用於封閉型容器。只要培育在開放型容器內、擺放於明亮的位置即可培育得很漂亮，也不會徒長。因爲是較大型的苔蘚，植入時先修剪植物體高度，會長得更漂亮。

Data

尺寸：莖高 5 ～ 20cm，葉長 6 ～ 12mm

生長地點：分布於北海道～九州。土馬騣會生長在明亮處的黏土質地土壤或是溼原。

使用方法：是最常用於庭園景觀的苔蘚之一。

封閉型
△

開放型
○

東亞砂苔

【紫萼蘚科】

Racomitrium japonicum

直立型苔蘚

透明的葉尖模樣

星形的葉片十分可愛，透明的葉尖（透明的刺）看起來更顯時尚。大多群生於岩場或是道路上等日照充足之處，雖然是主流的苔蘚，但是幾乎不會在城市近郊看見它們。有時也可以借助它們耐乾燥的特性，作爲屋頂綠化植物。

培育在玻璃盆景時的重點

並非不能夠培育作爲玻璃盆景，但是在封閉型容器內容易徒長，顏色方面也會變得比較不好看。它們需要強光，因此不適用於容器易蓄熱的容器。種植在較淺的容器內，確實接受日照就會長得很漂亮。

Data

尺寸：莖高 3cm 以下，葉長約 2.5mm

生長地點：分布於北海道～九州。生長於日照充足的土壤、岩石上。

使用方法：除了作為庭園景觀用苔蘚，也可以做為綠化的資材。

封閉型
△

開放型
◎

羽苔

【羽苔科】

Thuidium sp.

匍匐型苔蘚

毛羽苔

Data

尺寸：短肋羽苔的莖葉長約 1.3 ～ 1.6mm
生長地點：短肋羽苔分布於北海道～沖繩。會生長在背陰處的岩石上或是地面等處。
使用方法：可以作為庭園景觀用苔蘚、製作成苔球、玻璃盆景。

「羽苔」是包含許多物種的總稱，主要在市面上流通的是短肋羽苔（*T.kanedae*）。「羽苔」的日文名稱シノブ近似於蕨類植物——骨碎補（兔腳蕨）。學名Thuja，又近似於針葉樹——崖柏。纖細分岐的枝枒，是這種苔蘚的獨特絕妙之處。

培育在玻璃盆景時的重點

包含羽苔在內，匍匐型（具有攀爬特性）的苔蘚如果放在有蓋容器內，往往難以長出那獨特的美麗分歧枝枒，莖部容易自己纖弱地向上生長。在照顧方面有些麻煩，必須經常給水等，但是在開放型容器內培育可以讓它們以正常樣貌成長。

封閉型 ○

開放型 ○

緣邊走燈苔

【提燈苔科】

Plagiomnium acutum

匍匐型苔蘚

特徵是葉片會散發出透明感

是會在市區公園等處生長的主流苔蘚。春季葉片一齊舒展開來時，帶有強烈透明感、閃閃發光的模樣格外美麗。對於喜愛苔蘚的人而言，它們是春天裡一道獨特的風景。不太常作爲庭園景觀用苔蘚栽種，因爲它們其實會自行隨意生長。但是，還是有許多人會在庭園裡對它們特別呵護。

培育在玻璃盆景時的重點

在封閉型容器內無法匍匐生長，通常會長成直立型。此外，假根相當明顯，特別是附著在玻璃面上時，會直接看到它們顯著的假根。這時可以從基部切除，直接把它們放在介質上，假以時日就會再長出漂亮的葉片。在開放型容器中培育會比較容易以自然的形態生長。

Data

尺寸：莖葉長 3.5mm 以下

生長地點：分布於北海道～沖繩。除了山地，一般也會生長在市區的地面土壤。

使用方法：用於製作玻璃盆景或是作為「地面景觀用苔蘚」。

封閉型
○

開放型
○

側枝走燈苔

匍匐型
苔蘚

【提燈苔科】

Plagiomnium maximoviczii

葉尖呈橢圓形，帶有透明感

由於長相近似緣邊走燈苔（*P.acutum*），經常被以緣邊走燈苔的名義販售，但是葉片形狀較圓，側邊呈波浪狀。比緣邊走燈苔更喜歡生長在溼度較高的地方，原始物種不常見於市區。除此之外，也經常與近似物種——圓葉走燈苔（*P.vesicatum*）混淆。

培育在玻璃盆景時的重點

即使放在封閉型容器，也難以向上生長，和緣邊走燈苔比較起來，任其以原有的匍匐形式培育會更容易生長。如果會在意它們與玻璃面接觸的假根，可以予以修剪。容易因爲乾枯而損傷，使用開放型容器時要特別注意其缺水情形。

Data

尺寸：莖葉長 5 ～ 6mm

生長地點：分布於北海道～沖繩。生長於溪流沿岸等山地較為潮溼的岩石上。

使用方法：用於製作玻璃盆景或是作為「地面景觀用苔蘚」。

封閉型
△

開放型
◎

絹苔

【絹蘚科】

Entodon sp.

匍匐型苔蘚

乾燥狀態下會散發出光澤

「絹苔」也是有很多物種的族群。最特別的是它們在乾燥狀態下會散發出強烈光澤。市售大多為用於庭園景觀、會呈現地毯狀聚落的廣葉絹苔（*E. flavescens*）。廣葉絹苔的形狀獨特有如魚骨，容易製造出叢林或是侏羅紀的氣氛。

培育在玻璃盆景時的重點

在封閉型容器內不會分枝，而是會向上徒長，因此並不適用。與羽苔等物種比較起來，前端不容易損傷，適合培育在開放型容器內。

Data

尺寸：廣葉絹苔的莖葉長約 2.5mm
生長地點：廣葉絹苔分布於北海道～沖繩。生長於山地樹林基部或是岩石上。
使用方法：可以作為庭園景觀用苔蘚。適合製作開放型玻璃盆景。

封閉型
△

開放型
○

匍匐型苔蘚

大灰苔

【灰苔科】

Hypnum plumaeforme

葉尖呈勾狀

如其日文名稱「ハイゴケ（爬苔）」，是「匍匐型苔蘚」的代表。會呈地毯狀生長，經常作為庭園景觀用苔蘚或是製作成苔球等的主角，是相當容易取得的苔蘚之一。乾燥時枝葉會捲曲，但是嚴格來說看起來並不難看，因此非常好利用。

培育在玻璃盆景時的重點

在封閉型容器內會嚴重徒長，成為與原本姿態判若兩物的苔蘚。想要將其培育呈原有的「匍匐型苔蘚」，就必須使用開放型容器。雖然說是地毯狀的苔蘚，但是它們不能直接鋪在介質上，必須將其弄散後再插入介質內會比較容易附著、長出新芽。

Data

尺寸：莖葉長 1.5 ～ 3mm

生長地點：分布於北海道～沖繩。普遍生長於日照充足的地面、岩石上、樹幹基部等處。

使用方法：最常作為庭園景觀用苔蘚、製作成苔球。

封閉型
△
開放型
○

溪邊青苔（柔葉青苔）

匍匐型苔蘚

【青苔科】

BRACHYTHECIACEAE

市面上大多以「溪邊青苔」、「柔葉青苔」名稱流通，彷彿成爲青苔科苔蘚的代名詞。然而，實際上也有很多並不屬於青苔屬的各種攀爬生長（匍匐性）苔蘚混雜在其中、難以區別。通常帶有纖細且柔軟的感覺。

經常可在街邊看到溪邊青苔、細枝青苔、羽枝青苔等物種。

培育在玻璃盆景時的重點

各種物種的苔蘚相當複雜，無法一言以概之，但是所有的匍匐型苔蘚都會有相同傾向，基本上放在封閉型容器內會徒長，並不建議使用。相反的，放在開放型容器內的苔蘚幾乎都很容易培育。

Data

尺寸：包含許多物種
生長地點：分布於日本全國。除了山地，也經常生長於市區。
使用方法：一般使用機會較少，但是有很多物種適用於開放型玻璃盆景。

封閉型
△

開放型
◎

蛇蘚

【蛇蘚科】

Conocephalum conicum

匍匐型苔蘚

綠～深綠色，像極了蛇的鱗片

魚鱗狀的模樣彷彿蛇的鱗片，故被稱作「蛇蘚」。因經常蔓延生長在排水狀況不佳的庭園，有時會爲人們所厭惡。但當我們拋開先入爲主的觀念，培育後會發現蛇蘚其實擁有一股那些蓬鬆柔軟苔蘚們所沒有的帥勁。

培育在玻璃盆景時的重點

雖然算是容易在房間內培育的苔蘚之一，但是使用封閉型容器時會向上纖弱地延伸生長，並且長滿假根。培育在具有充分透氣性的開放型容器或是花盆等會完全露出植物體的容器內，也不會有問題。許多蛇蘚物種即使乾燥也不容易枯萎，但如果是原始物種就要小心避免乾燥。

Data

尺寸：葉片為約 3 ～ 15cm 的鱗狀
生長地點：分布於北海道～沖繩。除了山地，也經常生長在城市小徑內或是排水狀況不良的土壤、岩石上。
使用方法：不太常用，有時甚至會成為被剷除的對象。

想不想來一趟苔蘚觀察散步之旅呢？

放大鏡是必需品

如果想要更親近苔蘚，推薦大家來一趟苔蘚觀察散步之旅。實際前往長有苔蘚的地方觀察，會讓人湧現更想要與苔蘚親近的念頭，也可以實際感受一下苔蘚所喜好的環境。

進行苔蘚觀察散步之旅時，請務必攜帶放大鏡。遠遠看起來像是一片綠色地毯的苔蘚，用放大鏡近距離仔細觀察後，應該會感動於它們莖部與葉片的纖細結構。依苔蘚物種不同，葉片與莖部的形狀會有所差異，相當有趣。隨著季節變化，有時還可以仔細到觀察孢蒴。

還有，機會難得，一定還會想要幫觀察到的苔蘚拍張照片。苔蘚的植物體原本就非常微小，因此必須選擇容易進行微距攝影的相機機型。

先從附近的地點開始，再慢慢試著擴大「苔蘚之旅」的規模。在大自然中觀察已經很有趣，不過，如果還能參訪長滿苔蘚的日式庭園，相信更能深入認識日本文化與苔蘚之間的關係。下一頁開始將介紹最具代表性的知名賞苔勝地，有機會的話請務必前往一探究竟。

前往苔蘚觀察散步之旅需要帶的東西

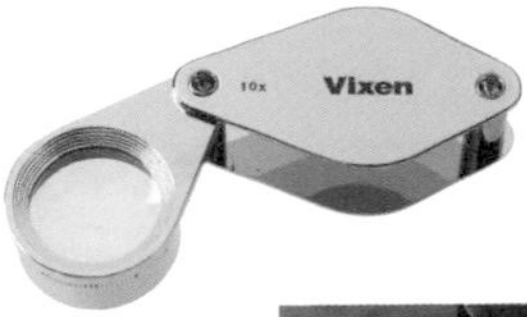

放大鏡
放大倍率 10 倍左右的放大鏡最好用。可以加上腕帶，掛在手腕上，使用起來更為方便。

相機
上圖的相機是 Olympux TG-5。小巧且防水的相機，在微距攝影方面也能發揮得很好。

噴霧瓶
利用噴霧瓶對著乾燥的苔蘚噴水，可以讓葉片舒展開來。

在大街上隨處都能遇見苔蘚

一旦對苔蘚開啓「火眼金睛」，就能夠在任何地點發現苔蘚。一旦發現它們的蹤跡就會驚呼：「竟然連這種地方都有苔蘚！」十分享受這個過程。

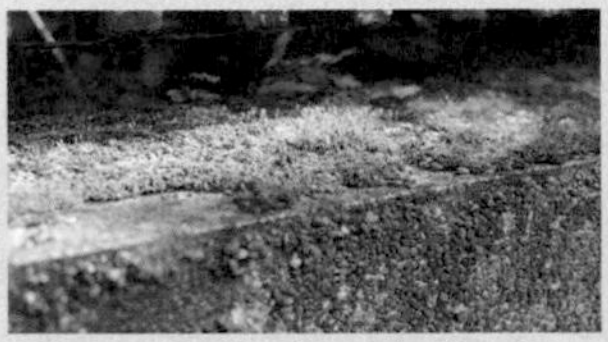

經常可以看到它們生長在水泥牆上或是牆面上。

密集生長在路緣石隙縫中的苔蘚。

冷氣室外機下方因為有適度的水氣，也是它們喜歡的住處。

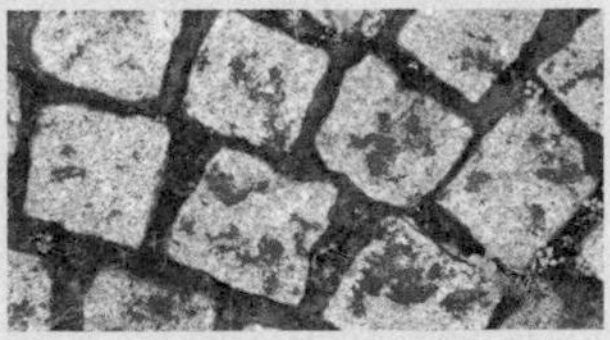

鋪路石的間隙也是它們喜愛的生長地點。

可以在此了解苔蘚文化
日本庭園【京都府】

京都是四面環山的盆地，容易維持一定的溼度，因此原本就是苔蘚生長較茂盛的地方。日本人將苔蘚帶入庭園，提高了文化面的素養。走入京都的寺廟進行苔蘚觀察散步之旅，即可實際感受到日本深厚的美學意識。

完美長滿庭園的檜葉金髮苔。

蓬鬆柔軟，長得像饅頭般的庭園白髮苔。

擁有水池與苔蘚的寺院庭園，顯得靜謐且神祕。

長滿苔蘚的岩石。不同物種的苔蘚生長在一起。

應該是不再使用的廢棄古井吧？現在儼然成為苔蘚的住處。

紅葉的紅與苔蘚的綠是最佳組合。

關東地區屈指可數的賞苔勝地

箱根美術館【神奈川縣】

箱根美術館以收集陶瓷器聞名。廣大的庭園裡培育著100種以上來自日本全國各地的苔蘚，它們可以說是這座庭園中的主角。這裡或許也是日本關東地區能夠一次看到最多苔蘚的地方。

長得完全就是地毯狀的苔蘚。

走過這座橋，那裡就是苔蘚的樂園。

竹子與苔蘚的和諧之美。

正中央、呈現饅頭狀的部分是水苔 。由數種苔蘚共同製作而成的造型，彷彿是一件藝術作品。

鮮明的綠色讓人印象深刻。彷彿像是一片苔蘚地毯。

岩石上生長著各種植物與苔蘚的風景。植物與苔蘚在自然中和諧共生，相當唯美。

身邊充滿著苔蘚

鎌倉［神奈川縣］

山林環繞、樹木眾多的鎌倉，是非常適合苔蘚居住的地方。可以留意寺社佛閣內的石階、石塔、樹幹以及石牆等處。

妙本寺的石階。密集地生長著緣邊走燈苔。

妙本寺祖師堂銅製水缸上，生長著偏愛銅器的劍葉舌葉苔。

妙本寺山門附近的樹木。各式各樣的苔蘚與地錢類、蕨類共生在一起。

古老石牆上布滿著苔蘚。

與天皇家關係密切的庭園

日光田母澤皇家別墅紀念公園［栃木縣］

日夜溫差大、經常起霧的日光地區，對苔蘚而言是相當舒適的環境。日光田母澤皇家別墅從大正天皇開始，曾陸續接待過後續三代天皇及皇太子，其優美的建築物與苔蘚景觀庭園彼此襯托得和諧美好。

庭園設計的理念是從屋內向外看，就可以看到美麗的苔蘚庭園。

被苔蘚覆蓋的樹幹基部，是金背鳩們的休憩地點。

一年四季都盛開的花卉、流水、苔蘚，彼此完美協調。

可以深入認識生長於自然環境中的青苔

奧入瀨溪流【青森縣】

流入「十和田八幡平國立公園」內的「奧入瀨溪流」是苔蘚的寶庫。據說約有二百種苔蘚生長在此，簡直就是苔蘚的天堂。沿著溪流，設有幾乎與溪流相同高度的步道，非常適合散步。近來增加不少爲了觀察苔蘚而到訪的人潮。

不知不覺之間就被苔蘚所覆蓋，已經看不到原有的樹樁切面。

完整的散步小徑，可以盡情欣賞森林、溪流與苔蘚。

闊葉樹與蕨類、苔蘚共生，彷彿進入遠古時期的風景。

會被溪流飛濺的水花潑到的岩石，對苔蘚而言是非常舒適的環境。

傾倒的樹木也是苔蘚喜愛的地點。

還有好多好多

能夠在室內欣賞苔蘚的方法

除了玻璃盆景，還有許多能夠將苔蘚培育在室內的方法。關鍵字是「聚落」。只要牢記種植技巧，即可享有一片蓬鬆厚實的苔蘚。

苔蘚總是給人們一種「蓬鬆厚實」的形象。然而，單一株苔蘚並無法呈現這樣的狀態。其實是由許多微小的苔蘚們擠在一起形成「聚落（Colony）」，從遠處看來才會覺得它們蓬鬆厚實。

聚落建立起來後，即可防止乾燥、維持水分，因此苔蘚可以在某種程度的乾燥環境下生長。我們只需要利用苔蘚這樣的特性，學習能夠完整建立聚落的種植技巧，從此不論是在玻璃盆景或是室內都可以培育苔蘚，並且大幅提升欣賞苔蘚的樂趣。

苔蘚盆栽

這是欣賞苔蘚最簡單的形式。與玻璃盆景不同，它們會慢慢地成長。如果想要在室內欣賞，推薦使用耐乾燥的「庭園白髮苔」等。只要能夠維持與介質密切貼合的狀態，想要培育它們其實並沒有那麼困難。

苔蘚盆栽

苔蘚盆景

在花盆裡配置苔蘚、石頭與砂礫等，即可打造出微景觀的場景。如果想要放在室內培育，選擇耐乾燥的「庭園白髮苔」會比較容易照顧。如果培育地點的日照充足，也可以使用「砂苔」等其他苔蘚。

苔蘚盆景

苔球

將苔蘚以特殊技法製作成圓球狀。雖然可以使用單一物種的苔蘚製作，但是各種苔蘚混雜使用，會很有層次感，看起來更爲豐富美觀。選定一個喜歡的位置，將苔蘚球放在小杯子上欣賞，也相當有魅力。

苔球

苔蘚花圈

苔蘚沒有根，可以隨著運用方式不同，進行各式各樣的組盆設計。偏好常綠的耶誕花圈，就非常適合使用常綠的苔蘚製作。佐以各式各樣的搭配也相當有趣。

苔蘚花圈

與苔結緣

發現可以與那微小綠意共同生活的場所

這是一間包含苔蘚玻璃盆景、苔蘚盆栽等苔蘚作品設計製作、教學教室、苔蘚庭園設計等，經營苔蘚相關事務的專門店。店面位於江之電鐵路附近的舊式鎌倉民宅內。店內除了販售苔蘚玻璃盆景，也有展示各式各樣的苔蘚作品，來訪者能夠感受到苔蘚無限寬廣的可能性。庭園方面除了建有一塊水苔溼原庭園，還有一個小型的苔蘚庭園。此外，店面鄰近被暱稱為「鎌倉苔寺」的「妙法寺」，是人們在鎌倉進行苔蘚散步之旅時，一定會探訪、備受矚目的景點。店內也經常舉辦玻璃盆景等能夠更深入認識苔蘚的相關學習課程。

可以在此購買製作玻璃盆景的便利工具或是材料等。

苔蘚玻璃盆景以及苔蘚相關小物陳列於架上。初學者要不要先從已組好的玻璃盆景開始培育，試著更深入認識苔蘚呢？

也會召開苔蘚相關講座。詳細開課日期等請見「苔むすび（暫譯：與苔結緣）官網」。

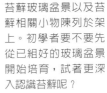

由舊式民宅改建，舒適的店內實景。除了玻璃盆景，此處也能夠看到苔蘚庭園或是使用苔蘚製作而成的作品。

領先全球技術建造的水苔溼原庭園。

所有苔蘚作品都在兼具工作室功能的店內製作。也接受作品的售後維護工作。

苔むすび（暫譯：與苔結緣）官網：
http://www.kokemusubi.com

國家圖書館出版品預行編目（CIP）資料

苔蘚玻璃盆景 ── 新手入門 / 園田純寬著；張萍翻譯 . -- 初版 . -- 台中市：晨星，2020.07
面；　公分 . --（自然生活家；41）
譯自：はじめての苔テラリウム
ISBN 978-986-5529-03-1（平裝）

1. 盆栽 2. 觀賞植物 3. 苔蘚植物

435.11　　109005148

自然生活家041

苔蘚玻璃盆景 ── 新手入門

はじめての苔テラリウム

作者	園田純寬
攝影	竹田正道
翻譯	張萍
主編	徐惠雅
執行主編	許裕苗
版面編排	許裕偉
照片提供	園田純寬
創辦人	陳銘民
發行所	晨星出版有限公司 407 台中市西屯區工業 30 路 1 號 1 樓 TEL：04-23595820 FAX：04-23550581 行政院新聞局局版台業字第 2500 號
法律顧問	陳思成律師
初版	西元 2020 年 07 月 06 日
總經銷	知己圖書股份有限公司 106 台北市大安區辛亥路一段 30 號 9 樓 TEL：02-23672044 / 23672047　FAX：02-23635741 407 台中市西屯區工業 30 路 1 號 1 樓 TEL：04-23595819　FAX：04-23595493 E-mail：service@morningstar.com.tw 網路書店 http://www.morningstar.com.tw
讀者服務專線	02-23672044/23672047
郵政劃撥	15060393（知己圖書股份有限公司）
印刷	上好印刷股份有限公司

詳填晨星線上回函
50 元購書優惠券立即送
（限晨星網路書店使用）

定價 480 元

ISBN 978-986-5529-03-1

歡迎進入苔蘚
玻璃盆景的世界

- 依據苔蘚形態特徵，從容器選擇、介質調配、配件挑選、前置作業等各面向，循序漸進傳授苔蘚玻璃盆景的基本製作方法。
- 從作品範例中詳述封閉型與開放型玻璃盆景的製作重點技巧與培育方法，讓您也能自行創作出各式各樣綠意盎然的微景觀。
- 簡介適合製作玻璃盆景的苔蘚，並說明其尺寸大小、生長地點、培育重點及其使用方法等資訊。

http://www.morningstar.com.tw
晨星出版 定價480元
ISBN 978-986-5529-03-1
9 789865 529031 00480
晨星事業群
Morning Star Group